走向世界的中國軍隊

彭庭法、王斌、王方芳 編著

前言

　　進入二十一世紀以來，隨著中國綜合國力的上升和軍事實力的提高，中國國防政策、軍事戰略以及軍力發展愈來愈成為世界矚目的熱點，海外出版了不少關於中國軍隊的書籍。遺憾的是，由於有些作者缺乏第一手準確資料，他們的著作中或多或少地存在一些值得商榷之處。

　　中國人民解放軍是一支什麼樣性質的軍隊？中國軍隊各軍兵種處於什麼樣的發展階段？中國軍隊的武器裝備達到什麼樣的發展水平？這些問題引起了國際社會高度關注和一些海內外媒體的廣泛熱議。有鑒於此，我們認為編寫一套生動、準確地介紹中國軍隊的叢書，無論對國內讀者還是國外讀者來說，都將是一件極有意義的事情。

　　本書試圖沿著中國軍隊的成長脈絡，關注其歷史、現狀及未來發展，通過大量鮮活事例的細節描述，從多個視角真實地展現人民解放軍的整體面貌。

　　在書籍的策劃和撰寫過程中，為確保權威性和準確性，我們邀請了解放軍有關職能部門、軍事院校、科研機構專家共同參與。與此同時，本書也得到了國防部新聞事務局的大力支持與指導。我們相信，上述軍方人士的積極參與，將本作增色不少。

由於編者水平有限，在試圖反映中國人民解放軍這一宏大題材的過程中，難免存在一些疏漏和不足之處。在此，歡迎讀者給予批評和指正。

編　者

2016 年 3 月

目錄

　　六十年，在世界歷史長河中，是彈指一揮間，而在中國的發展史上，卻是舊貌換新顏的六十年，中國軍隊也隨著共和國的發展而不斷成長。六十多年裡，中國軍隊在國家總體外交方針指引下，在積極防禦軍事戰略指導下，始終把維護世界和平、促進共同發展作為重要任務，積極參與國際安全合作，與各國武裝力量一道，努力營造和平穩定、平等互信、合作共贏的國際安全環境。

　　無論是在綿綿邊防線上將溫暖與微笑送與鄰國戰友，還是在巍巍青山間參加多國聯合軍演；無論是第一次踏出國門參與聯合國維和，還是在茫茫亞丁灣與各國軍隊共同護航；無論是足不出戶地擁抱世界各國來華接受培訓的職業軍人，還是走出國門去向世界各國軍隊學習；無論是對外軍開放中國戰略導彈部隊指揮中心，還是國防部新聞發言人制度的正式設立……中國軍隊越來越透明，越來越理性，越來越昂揚挺拔。

　　「武」字，在中國傳統文字中的寫法就是「𢧵」（止戈）。停止打仗——是為武也。中國軍隊不僅是保衛祖國的鋼鐵長城，也是維護世界和平的中堅力量。當今，中國與世界的關係發生了歷史性變化，中國的發展離不開世界，世界的發展也離不開中國。中國與世界已經有了更多不可分

割的共同利益。中國的安全離不開一個和平的世界，世界的安全也離不開中國的積極參與。隨著中國綜合國力和國際地位日益上升，國家利益不斷拓展，中國軍隊需要以更加積極的姿態參與國際安全事務，以更加靈活的方式應對全球非傳統安全挑戰，以更加務實的舉措加強與各國軍事安全合作。在全球共譜和諧曲的進程中，中國軍隊必將迎來一個更加燦爛的未來！

第一章

邊界線上

▲ 下次再會

中國的國土面積位居世界第三，有九百六十萬平方公里的陸地國土，陸地邊界線長達二點二萬公里。在一九三個聯合國成員中，中國的陸上鄰國最多，有朝鮮、俄羅斯、阿富汗、巴基斯坦、印度、越南等十四國。

古往今來，邊防強則國安，邊防弱則國亂。戰爭年代，軍人持槍衛國；和平年代，邊防軍人身上多了一份擔當：他們不僅要時刻準備消滅任何入侵者，還要通過各種形式的邊防交往，努力促進國家與軍隊間的相互了解與信任，促進國家間友好關係的發展，預防衝突、避免戰爭。

自古以來，中華民族就是一個愛好和平的民族，有著「敦親睦鄰」的傳統。自二十世紀九〇年代起，中國先後與周邊七個國家簽訂了邊防合作協議，與十二個國家建立了邊防會談會晤機制。中國邊防部隊相繼與俄羅斯、哈薩克斯坦、蒙古、越南等國邊防部門開展聯合巡邏執勤、聯合管控演練等友好合作行動，還與哈薩克斯坦、吉爾吉斯斯坦、俄羅斯、塔吉克斯坦等國每年組織相互視察，以監督和核查邊境地區信任措施落實情況。

▌共衛和平

　　俄羅斯是中國最大的鄰國，也是最重要的鄰國之一。兩國漫長的邊界線分為兩段，其中東段長四千三百二十公里，西段長五十四公里。冷戰結束後，中俄兩國關係逐漸升溫，兩國邊防部隊借勢而為，建立了領導會晤、增信釋疑、邊防合作等一系列機制，在聯合巡邏、人員交流、化解糾紛等方面開展了卓有成效的合作。

「讓邊境地區再也聽不到槍聲」

　　一九六九年三月，一個名不見經傳的中國小島——珍寶島登上了世界各大報紙、電視的頭條——中國軍隊為了捍衛領土主權與蘇聯軍隊在這裡

▲ 今日珍寶島

爆發了大規模的軍事衝突。發生在這裡的戰鬥潛移默化地影響了二十世紀七〇年代冷戰的格局和走向，中國出於國家安全的考慮，開始與美國和西方國家進行接觸並達成和解。

冷戰結束後，中俄關係穩步發展，但是邊境地區的和平與友好並不會馬上降臨。一直到二十世紀九〇年代，在中俄邊界線兩側，還會時而出現一些小的摩擦，如中國漁民越界捕魚、俄羅斯軍人酗酒後到中國一邊鬧事。這些小問題如果不及時妥善處理，或者處置不當，都有可能引發更大的誤會，危及中俄邊境地區的穩定與和平。

一九九七年十月，黑龍江省軍區司令員李衡率團出訪俄遠東邊防軍區時，向俄羅斯遠東邊防軍區司令戈爾巴赫倡議：「讓邊境地區再也聽不到槍聲。」

為解決問題，李衡與戈爾巴赫舉行了多輪工作會談。在會談中，既有針鋒相對與激烈爭論，也有相互理解與求同存異。

有一次會談，俄方特地將會談地點安排在哈巴羅夫斯克，要讓中方代表們看到，烏蘇里江江面上，佈滿了準備前去捕撈大馬哈魚的中方漁船。其用意很明顯：在捕撈大馬哈魚的季節，這些漁船中會有不少越過邊界，到俄方一側捕撈。

在會談中，戈爾巴赫直率地向李衡提出：近來中方越界捕魚現象增多，並在拒捕中出現將俄邊防軍人打傷的現象。面對俄方提出的問題，李衡沒有迴避。他首先分析了出現問題的原因：大馬哈魚由海上洄游黑龍江、烏蘇里江，先入俄羅斯水域，再進入中國水域，由於俄羅斯先行捕撈，中國漁民只能捕到俄羅斯漁民的「漏網之魚」。李衡說：「中方邊民越界是在局部地區少數人所為，而且都是普通老百姓。」接著，李衡也指

出了俄方的問題：「我們違反規定的是普通老百姓，而貴國違反規定的卻是軍人。他們酗酒後，到我方鬧事，並向我邊民開槍。這嚴重違背了我們達成的共識——不在我們共同管轄的邊境地區聽到槍聲。而中方邊防軍人沒有隨意開槍的行為，嚴格遵守了我們雙方的承諾。」

聽到這樣的回答，戈爾巴赫有些侷促。李衡把口氣緩和下來說：「千萬不要再向越界的中國邊民開槍。他們上有父母，下有兒女，一旦出現死傷則後果嚴重。中國地方政府和邊管部門會對其違法行為依法進行懲治。」戈爾巴赫理解了李衡的意思，點頭稱是。他說，他本人對中國邊防軍人紀律嚴明感觸很深，感謝李衡坦率地指出他部屬的問題，強調他會認真處理。最後，兩位司令員重申了共識：不要在雙方管轄的邊境地區聽到槍聲。

黑瞎子島上的首次共同巡邏

二〇一四年三月五日上午九時，位於黑龍江、烏蘇里江匯合處的黑瞎子島迎來了歷史性的一刻。隨著一發紅色信號彈升空，中俄雙方勤務組各自乘三輛摩托雪橇，沿著界碑開始實施隔界共同巡邏。這是雙方根據中俄邊防部隊的合作計劃在島上首次組織實施共同巡邏。

黑瞎子島地處中國最東端、「金雞」版圖上雞冠的位置，是中國最早見到太陽的地方。黑瞎子島在歷史上是中國領土，一九二九年中東鐵路事件後被蘇聯軍隊占據。一九六四年中國和蘇聯開始就其歸屬問題進行談判，直到二〇〇五年中國和俄羅斯互換《中華人民共和國和俄羅斯聯邦關於中俄國界東段的補充協定》批准書，備受矚目的黑瞎子島歸屬問題終於塵埃落定——黑瞎子島西側約一百七十一平方公里陸地及其所屬水域正式

▲ 雙方勤務組經過黑瞎子島鐵絲網，向共同巡邏出發地行進

劃歸中國。

　　三月的黑瞎子島上，還覆蓋著厚厚的積雪。雙方摩托雪橇的轟鳴聲和捲起的雪霧打破了黑瞎子島上的寧靜，野雞、野兔等動物不時破雪而出，四下驚奔。厚厚的積雪下有不少鬆軟的枯草，因此，雙方摩托雪橇不時側倒進雪窩。每當發生這種情況，雙方巡邏組都會不約而同地停下來，等待對方跟上。這是雙方邊防軍人之間的一種默契。巡邏期間，雙方勤務組還像以往各自巡邏一樣，清掃界碑周圍的積雪，加固界碑上的國徽，粉刷界碑脫落的油漆，清理邊界通視道，檢查和維護鐵絲網、報警器和檢跡地帶等邊防攔阻設施。

　　上午十一時左右，中俄雙方勤務組在 259/4 號界碑處會合。此時，巡邏官兵的衣帽上都掛滿了冰霜，俄方副代表梅辛上校風趣地說道：「聖誕節早已過去，而我們卻都成了聖誕老人，只是白鬍子有點短，沒有穿紅色

▲ 雙方勤務組乘雪橇出發，開始實施共同巡邏

的聖誕老人衣服。」聽了這風趣的話，雙方人員都哈哈大笑。笑聲沒落，梅辛上校又從衣兜取出一瓶伏特加，倒了一杯遞給中方說：「喝一杯可以禦寒。」中方魏德峰中校馬上將攜帶的保溫水壺拿出，倒了杯熱茶遞給梅辛上校，笑著說：「喝一杯茶也可以暖身。一杯酒、一壺茶，又暖身，又暖心，體現出了我們之間相互關心、相互支持的情意。」

▌生死之交

　　蒙古國是中國的北疆鄰國，而中國則是蒙古國僅有的兩個鄰國之一，中蒙兩國有著四千七百一十公里的邊界線。冷戰結束後，兩國軍隊在《中蒙友好合作關係條約》框架下，進行了廣泛的交往與合作。

生與死的考驗

　　哈拉哈河發源於中國境內大興安嶺西側摩天嶺北坡的松葉湖，幹流由東向西流入蒙古國，注入蒙古國境內的貝爾湖，之後，它又折返回中國，流入中國境內的呼倫湖。哈拉哈河幹流全長三九九公里，河寬四十至二百

▲ 中蒙聯合巡邏人員與界標合影

米，是中蒙兩國界河。「哈拉哈」，在蒙語中為「屏障」之意。這是由於它的西岸比東岸高，從河東岸看西岸如同一座長長的壁障，哈拉哈河由此得名。

一九三九年五月，當時占據中國東北的日本軍隊與蘇聯軍隊在哈拉哈河畔爆發了諾門罕戰役。這場戰役的慘烈程度，不亞於二戰期間其他戰場上的任何戰役。慘敗後的日本懾於蘇聯的軍事實力放棄「北進」計劃，轉而將侵略方向南移。可以說，這場大規模的邊境戰爭在某種程度上決定了第二次世界大戰東方戰場的走向。

半個多世紀過去了，昔日的戰火硝煙已經成為歷史。如今的哈拉哈河畔，已經成為中國和蒙古兩國軍人共保和平、共建友誼的地方。

一九九三年，中蒙兩國決定，在中國和蒙古國之間架設一條橫跨哈拉哈河的國際通信線路。這年七月，來自中蒙兩國的六名邊防軍人坐上了同一條漁船，在界河上執行放線任務。

然而，天有不測風雲，正當漁船由中方一側向蒙方一側劃去的時候，突然颳起大風，奔騰的河水捲起層層巨浪。在風浪的衝擊下，漁船猛烈地晃蕩起來，兩國軍人拚命划槳也無法使船靠岸。為了確保船上人員和通信設備的安全，中方的蒙古族戰士莫日根毫不猶豫地跳進界河，使盡全力推動漁船。船靠岸了，可一個漩渦卻將莫日根捲了下去……兩國軍人大聲呼喊著莫日根的名字，但是沒有一點回音。

莫日根犧牲後，中蒙兩國軍人都非常悲痛。蒙方代表呼耳樂上校在與中方會談時激動地說：「莫日根是在架設中蒙通信線路時犧牲的，是為中蒙友誼犧牲的。他是一位了不起的英雄，值得我們兩國軍人學習！」

八月四日，人們在阿木古朗地區為莫日根舉行葬禮。在送別的隊伍

中，有呼耳樂上校率領的蒙古國邊界代表機構的代表。靈車緩緩行駛。蒙方代表紛紛脫下軍帽，為心目中的英雄默哀。後來，在每年「八一」中國人民解放軍建軍節的那一天，蒙古國邊界代表都要專程來到哈拉哈界河畔，向莫日根的墓獻花，表示對這位戰士的哀悼。

來自異國的和平鴿胸章

納爾圖是一位中國的蒙古族軍人，曾任中國某邊防團副團長。他戍守邊疆二十五年，對防區非常熟悉，大家親切地把他稱為邊境管段的「活地圖」。

二十多年前，中蒙之間還常常為一些邊界事件發生爭執。俗話說，「邊防無小事，事事通北京」。邊防團領導決定派一名軍事素質好、精通蒙古語的人員參加邊防會談會晤工作。納爾圖作為最佳人選，被調來參加中蒙策克會談會晤站的涉外工作。

一九九五年隆冬的一天，蒙方代表緊急邀請中方代表會晤。納爾圖接到通知後當天立即趕到會晤站。原來一名蒙方士兵在巡邏時失蹤，蒙方判斷可能是因為天氣惡劣而迷路，很可能誤入中方境內，請求中方幫助查找。

會晤結束後，納爾圖立刻帶隊進行搜尋。當時正是嚴冬，納爾圖帶著戰友們冒著零下二十多度的嚴寒，頂著猛烈的風沙，沿著邊界線仔細尋找。餓了吃上一口隨身帶的方便麵，渴了喝一口礦泉水。在經過連隊和牧點時，也是匆忙吃上幾口飯，就馬上趕路。經過三天三夜的艱苦查找，終於在邊防某連的連管段找到了凍死的蒙方士兵遺體。納爾圖親自將凍僵了的屍體抬上車，又馬不停蹄地返回團裡。

返回後，他不顧疲勞親自組織「善後工作」，請人打製了一口棺材，根據多年會晤經驗和蒙古國的習俗，盛殮了這名士兵，並親手在死者的臉上蓋了一條潔白的哈達。

在交接時，蒙方人員看到這一切感動不已。他們說：「想不到中國軍隊對一名越境士兵這樣認真對待，我們表示由衷的感謝！」

蒙方西伯呼倫邊防站站長為表達謝意，特意贈送給納爾圖一枚和平鴿胸章。

▍雪中送炭

每一個抵達巴基斯坦伊斯蘭堡機場的人都會被機場公路旁矗立的一幅巨型宣傳畫所吸引——袖子上分別印著中巴國旗的兩隻巨手緊緊地握在一起。

巴基斯坦與中國新疆維吾爾自治區接壤,全長五九九公里的兩國邊界線位於帕米爾高原上。中巴接壤地區雖然山高、路險,但這阻斷不了兩國邊防軍人的友誼與合作。

二〇一〇年十二月,紅其拉甫山口天寒地凍,大雪紛飛,氣溫到了零下二十五攝氏度以下。一天上午,喀什軍分區紅其拉甫會晤站站長王小虎在與巴基斯坦紅其拉甫安全警察副警長哈森・阿力的溝通聯絡中得知:巴方安全警察的冬季取暖用煤一直沒有到位。

在十二月份的紅其拉甫,如果沒有取暖用煤,這個冬天是無法熬過去

▲ 中巴邊境聯合巡邏

的。站長王小虎迅速將情況上報喀什軍分區，軍分區及時回覆：「要克服一切困難，想方設法在確保安全的情況下，儘快將取暖用煤送到巴方。」

會晤站迅速展開行動，當天在駐地聯繫兩臺載重卡車，並連夜裝煤。從會晤站到巴方邊境，要翻越海拔五千米的紅其拉甫達阪。帕米爾高原的天氣就是這樣，海拔越高，天氣變化越快。運煤車隊出發不到一小時，天就下起了小雪。

車隊沿著崎嶇陡峭的山路前行，兩邊的植被開始漸漸減少，先是樹，後來是灌木，再後來便只有小草了。雪有越下越大的跡象，車玻璃上開始結霜，駕駛員打開了車內的暖氣。「慢點，慢點」，「前面有彎道，小心濕滑」，「前面有老鄉的羊群，停一下，路滑讓他們先過」，一路上，站長不

▲ 山高路險

斷提醒駕駛員注意安全。

　　路程過半，車隊終於來到了整個行程海拔最高的地方——紅其拉甫達阪。這是中巴邊境的分界線，也是中巴喀喇崑崙公路巴方路段的起始位置，巴方稱為「Zero Point」，即「零點」。進入巴方境內，車隊很快面臨的是連續二十多公里的下坡彎道。路兩邊有時是深達數十米的峽谷，有時是百米高的山坡，山坡上散佈著汽車大小的巨石。駕駛員和帶車人員必須隨時關注路兩邊情況，提防可能發生的各種險情。當時，中巴喀喇崑崙公路正在重建，便道多、土路多、簡易路多、柏油路少，對駕駛員的駕駛技術是嚴峻的考驗。

　　下午三點多，未完工的中巴友誼隧道出現在眼前，車輛必須從隧道旁邊臨時開闢的簡易道路通行。這條臨時簡易路不寬，最窄處不到五米，旁邊是河谷陡坡。駕駛員下到簡易路，現場檢查了一下，確信路基堅實，沒有滑坡和塌陷的危險後說道：「可以走，比較安全。」車輛重新啟動，緩緩駛入便道。雖然剛才駕駛員顯得信心滿滿，但帶車人員的心還是提到了嗓子眼上，不斷緊張地望著車外。不到二百米的路，卻感覺是整個行程最長的一段。經過十多分鐘「戰戰兢兢、如履薄冰」的行駛，車隊終於順利通過了簡易路，所有人也鬆了口氣。

　　下午四點多，經過將近五個小時的緩慢行進，車隊終於到達了巴基斯坦底河檢查站。底河檢查站人員見到王小虎站長一行，感激地拉著四個人的手久久不願鬆開。哈森‧阿力幾乎有些熱淚盈眶地說：「你們不僅是好朋友，更是我們的好兄弟！」

▌鑄劍為犁

二〇一三年五月的一天，中印邊境東段棒山口中方會晤站聯絡官接到了一個緊急電話。發話人是西藏山南軍分區參謀長張軍上校，他要求聯絡官通過熱線與印度邊防部隊聯絡，想法邀請印方的沙利爾上校出席五月底中印雙方在棒山口舉行的例行會談。張軍上校之所以迫切地希望面晤沙利爾上校，緣起於二人在邊界巡邏中的一次不期而遇。

幾天前，當張軍上校帶隊抵達巡邏區域時，他發現印軍的十多個錫克族士兵正在中國的傳統巡邏路線上活動。張軍立刻帶翻譯上前與他們進行溝通，向印方表明中方正在進行例行巡邏。

正當中方巡邏隊準備通過時，印度士兵突然進行阻攔。張軍馬上與在場的印軍指揮官沙利爾上校進行現地交涉，希望印方遵守中印邊防合作協議相關精神，停止阻攔中方正常巡邏。交涉無果之後，張軍只好下令強行通過，沿傳統巡邏路線向執勤點前進。在此過程中，印方不斷拖拽中方巡邏士兵。為儘快完成任務，張軍命令留下部分人員與之交涉，率領其餘人員從印軍士兵側翼繞過，最終如期抵達巡邏點。巡邏隊返回途中，張軍發現沙利爾上校眼神中流露著些許不甘。

此次巡邏任務雖圓滿完成，但在這過程中發生的不

▲ 向阻攔中方巡邏的印軍指揮官提出抗議

愉快卻令張軍上校有些擔憂，對抗畢竟不是解決兩國邊境爭端的現實途徑。中印兩國有爭議的領土面積共十二萬多平方公里，分為東段、中段和西段。東段的爭端，是傳統習慣線與「麥克馬洪線」之爭。傳統習慣線在喜馬拉雅山南麓，以此線作為邊界，約九萬平方公里的藏南地區屬於中國；而「麥克馬洪線」以喜馬拉雅山脊分水嶺的連接線作為界線，將藏南土地劃歸印度。印度與中國是世界上兩個最大的發展中國家，也是世界上人口最多的兩個國家，都迫切需要和平穩定的安全環境。為解決領土爭議問題，兩國政府都作出了巨大的努力。二〇〇五年，兩國簽署了《中華人民共和國政府和印度共和國政府關於解決中印邊界問題政治指導原則的協定》；二〇一二年，兩國簽署了《關於建立中印邊境事務磋商和協調工作機制的協定》。作為處於爭議第一線的邊防軍人，應為問題的解決創造條件，而不是惡化政治解決的環境。

為緩解雙方的緊張關係，增進雙方的互信，張軍想找機會與沙利爾上校好好交流一下，於是就有了棒山口之約。

二〇一三年五月三十日，位於中印邊境的棒山口天空清透明朗。印軍沙利爾上校如期而至，率隊參加兩國邊防部隊例行會晤。會談中，雙方圍繞該地區的管控問題，深入交換了意見。午宴上，張軍與沙利爾上校進行了一個多小時的坦誠交流。

張軍提出：「中印邊界問題是歷史遺留問題，是殖民主義留下的禍根。中印兩國都是有著幾千年悠久歷史的世界文明古國和地區大國，也都有著被殖民主義壓榨的苦難經歷。相似的歷史淵源奠定了培養兩國間深厚友誼的堅實基礎，雙方都有足夠的智慧去解決好邊界爭端。」沙利爾上校非常贊同張軍上校的觀點，同時也指出：「中印兩國關係是友好的，這種

▲ 中印雙方邊防官兵在棒山口進行排球友誼賽

關係也應該在雙方邊防部隊中得以體現。這是我第一次來到棒山口參加邊防會晤，這裡的氣氛相當好，應當成為中印邊防合作與交流的一個典範。我願意與貴軍一道為這種來之不易的友誼而努力。」

午宴結束前，張軍上校拿出早已準備好的禮物——一本英文版《論語》，說道：「中國的《論語》猶如印度教的《吠陀經》，代表了中華文化的精髓，其核心就是和諧。希望閣下能深入了解中華文化，共同構建和諧的邊境環境。」沙利爾上校欣然接受，整個會晤在友好的氛圍中畫上了句號。

中方的善意得到了印方的積極回應。二〇一四年四月十四日是印度傳統的豐收節，印方主動通過熱線聯絡中方，提議兩國邊防部隊在棒山口進行排球比賽和其他聯誼活動，以增進雙方邊防一線官兵的交流。

在共同努力下，雙方邊防部隊官兵在海拔四千四百九十三米的棒山口舉行了第一次排球比賽，張軍上校和印方代表阿肖克・辛格准將也進行了

友好的切磋。雙方在交流中達成共識，要將棒山口會晤打造成中印邊境東段雙方邊防部隊合作與交流的成功典範，並將這種影響擴展到整個邊境地區。

　　中印兩國之間的邊界問題不是一朝一夕就能解決的，維護邊境地區和平與安寧，需要中印兩國一代又一代邊防軍人長期不懈的努力。

▍一笑泯恩仇

　　二〇一三年三月七日，對中越兩國的邊防軍人來說是個值得紀念的日子。這一天，中越邊防部隊在廣西百色靖西地區隆重舉行了中越陸地邊界聯合巡邏啟動儀式。這標誌著中越陸地邊境由傳統的單邊管控，開始向雙邊合作管控模式拓展。

　　越南是中國在南方最重要的鄰國之一，歷史上兩國關係錯綜複雜。二十世紀五〇年代至七〇年代，中國向越南提供了大量軍事援助，支援越南的抗法和抗美戰爭。然而一九七六年越南統一之後，兩國關係開始急轉直

▲ 聯合巡邏

下。一九七九年中越兩國之間發生了大規模的邊境戰爭，此後兩國在邊境地區的武裝衝突不斷，一直持續到一九九〇年。

一九九九年，中越簽署《中華人民共和國和越南社會主義共和國陸地邊界條約》，將兩國邊界以法律形式固定下來。二〇〇九年十一月十八日，中越完成對陸地邊界的全線勘界工作，標誌著兩國陸地邊界問題得到徹底解決。從此，兩國邊防部隊開始沿新的國界線執行巡邏任務。

二〇一三年三月二十八日，在經過一週緊張而忙碌的準備工作之後，中方巡邏隊一行九人，精神飽滿地踏上了首次聯合巡邏的征程。按照事先的約定，雙方計劃於八時三十分會面。為防止意外，中方特地提前半個小時抵達指定會面地點。然而，當中方到達後，發現越方巡邏隊成員已經在列隊等候。後來，中方人員從越方翻譯口中得知，由於越方道路建設相對薄弱，越方巡邏隊無法直接乘車到達，路途需要消耗很長的時間。為了確保能夠按時參加，越方巡邏隊相關人員提前一天就到達附近龍面村住宿，並且在二十八日凌晨四時就起床出發，徒步走了三小時提前到達指定會面地點。

八時三十分，雙方在簡單寒暄之後準時出發，開始第一次聯合巡邏行動。此次聯合巡邏的地區，屬於中方部隊防區的最西線，位於雲貴高原的末端，是典型的山岳叢林地帶，地形非常複雜。這裡的高山陡坡，對整個聯合巡邏工作是極大的考驗。時值初春，這裡一直在下凍雨，車行巡邏道上的一部分泥土路面被凍結硬化，異常濕滑。為了安全起見，中方巡邏隊長肖璟毅與越方巡邏隊長商議決定，放棄乘車，徒步進行聯合巡邏。那天的氣溫只有三度左右，樹葉上吊滿冰晶。山裡的霧氣很大，給人一種極其陰冷的感覺。由於沒有想到會遇到這樣的天氣，巡邏隊員們的衣服都穿得

有點單薄，個個凍得臉蛋通紅，渾身瑟瑟發抖。

　　為了擺脫陰冷天氣的影響，大家不自覺地加快了步伐。整個聯合巡邏分隊一行十八人，穿行在海拔一千米以上的高山峽谷之中。巡邏的小路是貼山而建的，蜿蜒曲折、山石陡峭、坡度很大，十分考驗隊員的體能。有些地段石頭路面甚為濕滑，稍有不慎就有可能滑向陡峭深淵。在通過這些危險地段時，雙方人員都非常友善地互相提醒，要大家小心、小心、再小心，直到所有人都順利通過才稍微鬆口氣。越方人員的年紀偏大，隊長阮文倍已年近五十歲。但是，他們始終咬緊牙關，堅持和中方隊員一起走，整個巡邏過程中無一人掉隊。

　　上午十一點鐘左右，巡邏隊到達 533 號界碑腳下。它位於一個獨立山峰之上，距離山腳高差約二十米左右，根本沒有小路上去。大家只能扶著山壁植物向山頂前進，就像在做攀岩運動。隊員們你攙我扶，冒著危險極其艱難地向上攀爬。在攀爬中，一塊籃球大小的碎石突然從山頂滑落，向越方副屯長楊大利身上滾來。中方翻譯姚文勇見勢不妙，趕緊用越南語大呼：「副屯長，小心石頭！」說時遲，那時快，楊副屯長一個側身，讓碎石從身旁飛過。大家都先是心裡一緊，接著長長地舒了一口氣。楊副屯長拍了拍姚翻譯的肩膀，用不太流利的中文說了一句：「謝謝！」兩人相視一笑，真險！

　　在巡查界碑時，單號界碑由中方介紹，雙號界碑由越方介紹。雙方還交流了原爭議地區現狀、劃進劃出地區實際管控、雙方邊民生產生活、社會治安等綜合情況，現場解決了近期發生的邊情。大家都感到，雖然現在雙方溝通渠道比以前較為通暢，有定期會晤、專題會晤、熱線電話、信函等多種方式，但都不如聯合巡邏中，大家面對面地溝通解決問題來得直

接，來得奏效。

　　聯合巡邏任務順利完成後，中方同意越方提出的在離越邊防屯較近的535 號界碑處出境的請求，並用車將越方人員送至 535 號界碑處。中越兩國軍人握手告別，相約下一次的聚首。

▲ 與界碑合影

第二章

開門練兵

「兵不妄動，習武不輟。」二〇〇二年十月，中國和吉爾吉斯斯坦兩國軍隊在邊境地區進行了一場小規模聯合反恐演習，開啟了二十一世紀中外軍隊聯合軍事演習的大幕，在中國軍隊發展史上留下了濃墨重彩的一筆，標誌著中國軍隊正式進入「開門練兵」的新時代。

此後，中外聯演聯訓快速發展，逐步走向常態化和機制化，範圍和內容也日趨豐富。演習規模從幾百人的小範圍演習發展到上萬兵力投入的大規模聯演，合作對象從以周邊國家為主向歐洲、美洲、非洲及大洋洲國家拓展，參演力量從以陸軍為主向海空軍及三軍聯合行動拓展，演練內容從反恐向維和、救援、護航、衛勤、特種作戰等多個領域延伸。

彈指一揮間。截至二〇一四年九月，中國軍隊已與四十多個國家的軍隊舉行了一〇二次雙邊或多邊聯合軍事演習和訓練。外國媒體評價：蓬勃興起的中外聯合軍事演習，意味著幾十年來習慣關起門來搞建設的中國軍隊揭開了神祕面紗，加快了走向世界的步伐。

跨國聯演第一槍

　　中國和吉爾吉斯斯坦兩國山水相連，共同邊界線長達一千一百公里。站在新疆西部的山口，一眼便可望見吉爾吉斯那終年不化的雪山。二〇〇二年十月十一日，中吉邊境阿賴山山脈，一陣密集的槍聲打破了高原的寧靜，代號為「演習-01」的中吉兩國聯合反恐軍事演習在海拔三千多米的高原拉開了序幕。

　　恐怖主義是國際社會的公害，被稱為「二十一世紀政治瘟疫」。特別是震驚世界的「9‧11」事件以後，反恐行動日益軍事化，中亞地區的形勢更加複雜。吉爾吉斯斯坦是受恐怖主義危害比較嚴重的地區之一，在其南部和阿富汗、塔吉克斯坦接壤的邊界地區，不斷有恐怖分子入境。在吉爾吉斯斯坦活動的恐怖分子中有相當一部分是「東突」（「東突厥斯坦」）分子，他們在阿富汗受過相當正規的訓練，能熟練使用多種輕重型武器。這些恐怖分子山地作戰能力強，頻繁越界滋事，嚴重威脅中吉邊境地區的安全。

　　二〇〇二年五月，上海合作組織成員國國防部長莫斯科會晤發表了國防部長聯合公報，要求各成員國優先發展旨在保持地區安全與穩定、抵禦「三股惡勢力」（恐怖主義、分裂主義、極端主義）的雙邊和多邊合作。正是在這種背景下，中吉兩國決定舉行聯合反恐演習。這是中國軍隊首次跨國與外軍舉行的聯合實兵演習，也是上海合作組織框架內首次舉行的反恐軍事演習。

　　依據演習企圖立案，流竄到中吉邊境地區的跨國恐怖集團在吉爾吉斯

斯坦南部山區活動頻繁，在遭到吉方追剿和堵截後，竄到中吉邊境。隨著三顆信號彈升起，中方境內聯合圍堵聚殲恐怖分子實兵演習階段正式開始。

恐怖分子盤踞的地域是 1、2、3 號高地，其中 2 號高地是指揮所所在地。在山區進行反恐作戰，由於山高坡陡、道路崎嶇，不便於地面快速機動，因此，使用直升機實施敵後機降是實施快速封控的有效手段。機降切斷了恐怖分子的退路之後，中方的砲兵群對竄入中方境內的恐怖分子實施火力攔阻。同時，吉爾吉斯斯坦特種作戰分隊按照協同方案，編成右翼攻擊群，配合中國軍隊對恐怖分子實施合圍。在把恐怖分子壓縮在 1、2、3 號高地地域之後，聯合反恐司令部開始實施「空地一體，火力打擊」。立體打擊使恐怖分子的指揮體系遭到了嚴重破壞，中吉聯合攻擊群在空地火

▲ 中吉官兵聯合演練

力的掩護下，向恐怖分子盤踞地發起攻擊。在左翼攻擊群占領了 1 號高地、吉爾吉斯特種作戰分隊占領了 3 號高地之後，中央攻擊群在掩護下開始向 2 號高地發起攻擊。隨著中央攻擊群將紅旗插在 2 號高地上，從吉方逃到中方的恐怖分子徹底被殲滅，中吉兩國聯合反恐軍事演習基本結束。

　　跨越邊界只是一小步，但對中國軍隊來說，卻是邁出了歷史性的一大步。聯合導演部中方總指揮、軍事專家組組長劉登雲少將認為：「通過演習探索了聯合打擊恐怖主義的方法和路子，為我軍今後與外軍合作、在軍事領域裡更好地合作積累了經驗。」吉方軍事專家組組長、吉武裝力量副總參謀長莫爾多舍夫說：「這次演習具有世界意義，它向世界展示了中吉兩個愛好和平的國家共同打擊恐怖主義的決心和信心。」

▲ 慶祝演習圓滿結束

▊「鷹群」飛越友誼峰

金戈鐵馬，沙場秋點兵。從天山腳下的邊緣戈壁到美麗的切巴爾庫爾湖畔，參加「和平使命-2007」聯合反恐軍事演習的中國軍隊首次實現跨國長距離投送，在俄羅斯車裡雅賓斯克訓練場上演了一場多國聯合、陸空協同的精彩軍演，經歷了很多生死攸關的考驗，留下了很多令人難忘的鏡頭。其中就有年輕的中國陸軍航空兵第一次大機群走出國門、低空穿越友誼峰的驚險故事。

經過半年多的戰略磋商，中俄雙方就「和平使命-2007」聯合反恐軍事演習出動的兵力裝備數量、聯演任務分配、圖上戰略推演等重大問題達成共識。陸航空中梯隊兵力投送成了這次任務的最大難點。俄方提供的直升機起降場的距離幾乎超過中方直升機的最大航程；中國、蒙古、俄羅斯、哈薩克斯坦四國的交界處是以海拔四三七四米的友誼峰為代表的高山峽谷地域，陸航參加演習的三十二架直升機中有十六架直-9W 武裝直升機，根本無法飛越。由於中國與哈薩克斯坦和蒙古國均未簽署軍事協議，直升機梯隊中途落地加油後再次起飛進入俄羅斯境內的方案行不通；受時間、天氣等因素的影響，從東北滿洲里方向進入俄境內的方案也不可取。中方參演部隊最終採取了第三種方案：低飛。從友誼峰地域鑽山溝低空穿越，直飛俄羅斯巴爾腦爾機場。

低空穿越友誼峰航線，既缺乏資料，也沒有經驗，地形複雜、天氣難測、營救困難是陸航參演官兵不得不面對的嚴峻挑戰。七月二十九日中午，三十二架直升機組成的「鷹群」轉場至鄰近國境線的阿勒泰機場。七

▲ 飛越友誼峰

月三十日下午五時，時任總參陸航部部長的馬湘生少將和新疆軍區陸航處處長沈正文上校親自率第一梯隊十六架直升機出發。當一架接一架直升機飛向白雲覆蓋的蒼茫大山，漸漸隱去的時候，時任副總參謀長、「和平使命-2007」聯合反恐軍事演習中方總導演百感交集。為軍人的忠勇和悲壯，他流淚了。

掠過連綿的阿爾泰山脈，掠過美麗的喀納斯湖……「鷹群」一直向北勻速疾飛，前面就是此次陸航跨國機動最大的「攔路虎」——友誼峰。

雨剛停不久，高高的雪峰之上雲霧繚繞，航線上厚積雲、層積雲、雨積雲密佈，雲底高最低僅一百多米，直升機編隊就在雲下穿行。有時在山

尖和雲底之間十幾米的空隙中鑽過去，有時繞著山脈走向作 S 形的規避飛行。

危險說來就來！直升機剛飛過喀納斯湖，轉過一個大彎進入冰川上空，前方就出現一大片雲層，擋住了機群的去路。

「各機組注意，各機組注意，保持好距離，保持好速度。」長機機長沈正文命令道。他機警沉穩地控制直升機，使其保持平穩。兩分鐘後，直

▲ 到達演習目的地

升機編隊終於順利闖過了這一關。

　　機群快速穿行在友誼峰和無名峰之間的山隙中。峽谷最窄處直線距離僅有六百多米，近得彷彿用手就能摸到那些千年不化的冰雪。

　　突然，飛行員最為擔心的山谷氣流不期而至。強烈的冷氣流逆向而來，直升機開始像喝醉了酒似的上下顛簸，難以控制。機上擺放的行李箱相互摩擦，發出細細的吱吱聲，在發動機巨大的轟鳴聲中顯得格外刺耳。機艙內氣氛異常緊張，大家都知道此時如果沉不住氣，就很可能發生重大的飛行事故。只見機長快速操作駕駛桿，果斷調整飛行狀態，努力讓直升機在氣流中保持平衡。三分鐘、六分鐘、十分鐘……猛然間，直升機向上一躍，前方豁然開朗──機群已闖過生死關，飛過友誼峰，進入俄羅斯境內了！馬湘生和沈正文擦了擦額頭細密的汗珠，長長地吐了口氣，勝利的微笑在他們嘴角揚起。

▌跨越太平洋的握手

　　二〇〇六年八月二十一日，由「青島」號導彈驅逐艦和「洪澤湖」號綜合補給艦共五〇六名官兵組成的中國海軍出訪編隊，開啟了對美國珍珠港和聖迭戈港、加拿大維多利亞港、菲律賓馬尼拉港友好訪問的航程。訪美期間，中國海軍艦艇編隊與美國海軍「肖普」艦、821號勤務船於九月二十日在聖迭戈海域實施了中美兩軍歷史上首次海上聯合搜救演習。

　　此次聯合搜救演習的情況想定是：一艘船在太平洋某海域遇險，失去聯繫五小時，美方請求航經該海域的中國海軍艦艇協助搜尋。演習過程由中美雙方分階段實施指揮。美方指揮通信操演和聯合搜尋遇險船，中方指揮雙方艦艇在海上展開並對遇險船實施營救。

　　應美方要求，此次演練雙方按照西太海軍論壇協商通過的《海上意外相遇規則》和《戰術1000》兩個通信文件進行。多年來，美國等北約國家一直使用這兩個文件，而中國海軍以前從未正式使用過。在演練中，雙方配合默契，一組組通信代碼通過甚高頻達成了信息溝通。

　　九月二十日上午十一時三十分，在「青島」艦指揮室裡，中方接到美方發來的通報：在北緯32°55′-西經117°55′，有船遇險，請求編隊前往搜救。隨著中方指揮員、北海艦隊副司令員王福山少將一聲令下，中美海軍首次海上聯合搜救演習的第一階段正式開始。

　　十一時三十五分，接到搜救命令的中美兩國海軍艦艇編隊搜索隊形迅速組成。美方「肖普」艦載直升機疾速轉動機翼，迎風升空並開始對海面進行搜尋。中方「青島」艦上的直升機也迅速飛向指定空域。半小時後，

雙方直升機同時發現目標。中
方艦載機率先報告:「發現遇
險船,位於北緯 32°55´-西
經 117°55´,遇險船起火並
有部分船員受傷!」同時,指
揮關係轉換,由中方開始組織
指揮救援行動。

▲ 中美聯合搜救演習

「113 艦占領遇險船右舷
2.5 鏈陣位,『肖普』艦占領
遇險船左舷 2.5 鏈陣位,並作
好登船救援準備。」中方指揮
員下達第一道指令後不到半小
時,中美雙方艦艇各自就位。
中方指揮員根據遇險船報告的
受損情況,命令「肖普」艦和「青島」艦放小艇搭乘醫療、損管和消防隊
員登遇險船實施救援。

　　大約十五分鐘之後,中美艦船幾乎同時到達,雙方醫療救援人員密切
配合,在遇險船的上層甲板上對傷員進行搶救。很快,大火被撲滅,傷員
也得到有效救治。

　　聯合搜救演習海上實作科目結束後,美方指揮員、美海軍太平洋艦隊
驅逐艦第七支隊支隊長吉爾迪將軍及其作戰軍官、航海軍官搭乘小艇登上
「青島」艦,與中方指揮所人員認真評估了演習情況。

　　十六時十分,雙方指揮員共同宣佈中美海軍首次聯合搜救演習圓滿結

束。

　此次聯合搜救演習是中美雙方首次在非傳統安全領域實施的人道主義救援行動。整個演習過程中，中美雙方指揮流暢、協同默契，臨機情況處置得當，兵力行動迅速高效。美軍太平洋總部司令法倫上將如此評價這次演習：「此次美中海上聯合搜救演習是兩國軍事關係方面一個值得關注的里程碑，同時也增強了兩國海軍加強合作的信心。」

▲ 中美軍艦燈光通信操演現場

印度洋為中國海軍喝采

　　二〇〇七年三月八日，當地時間八時三十分，印度洋卡拉奇外海。隆隆的炮聲響徹平靜的海面，由巴基斯坦組織的中國、馬來西亞、孟加拉國、英國、美國、法國和意大利等九個國家參加的「和平-07」海上多國聯合軍事演習正在進行。

　　由十二艘軍艦組成的單縱隊編隊出海，按計劃進行一系列的演習科目。中國的「三明」號導彈護衛艦和「連雲港」號導彈護衛艦排在縱隊的第三位和第四位。三月八日上午，多國聯合艦隊出海後隨即進行了快速攻擊演練。在美國海軍「哈維斯」號軍艦的指揮下，三艘巴基斯坦海軍的快

▲ 主炮對海上靶船射擊

艇充當快速行駛的船隻對各艦展開「攻擊」。

下午進行的是主炮和近距離對海射擊項目，射擊目標是遠近兩個塑料浮體漂靶。中國海軍「三明」號和「連雲港」號擊沉了全部目標，第一次出手就贏得了滿堂彩。該項目以中國海軍的大獲全勝而提早結束。

歷史回溯到一九八五年。中國海軍艦艇編隊首次遠航出國訪問南亞的巴基斯坦、孟加拉和斯里蘭卡三國。艦隊穿過馬六甲海峽，第一次進入印度洋時，遇到了迎面而來的兩艘印度軍艦。得知是出訪巴基斯坦途經此海域的中國海軍後，印軍軍艦發出信號：「向中國海軍致敬！」並在主桅杆上升起了印度國旗，全體艦員在艦上列隊站坡。而首次出訪的兩艘中國軍艦上的五百餘名官兵毫無準備，連列隊站坡都沒來得及，只好吹哨還禮，非常尷尬。二十二年之後，歷經磨練的中國海軍已經成了印度洋上的常客，用自己的實際表現贏得了各國海軍同行的尊重。

按照計劃，此次軍演有近二十個科目，每個科目都指定一個國家的軍艦負責指揮協調。中國海軍參加了包括主炮實彈射擊、聯合搜救、對海面小目標防禦與攻擊、對空防禦和海上閱兵等多個科目的演練，併負責指揮海上搜救演習科目。

三月九日下午三時十五分，「連雲港」號導彈護衛艦開始行使聯合編隊指揮權。隨著指揮員邱延鵬大校一聲令下，聯合編隊由縱隊轉換為左橫隊。編隊中的兩艘艦艇分別布設了一名模擬落水者，並向「連雲港」號報告了大概方位。在繼續航行一段距離後，「連雲港」號指揮各國軍艦掉頭，沿途搜索「落水者」。下午四時四十九分，孟加拉國海軍的「烏瑪爾」號首先發現一名「落水者」，並向「連雲港」號報告了具體方位。「連雲港」號向其發出救生指令，要求其立即前往營救。下午五時整，「落水者」

被救起。與此同時，巴基斯坦海軍「塔里克」號也於下午四時五十五分發現另一名「落水者」。在接到救生命令後，「塔里克」號於下午五時〇一分將「落水者」救起。任務完成後，「連雲港」號將編隊指揮權交還給巴基斯坦「巴布爾」號。

　　演習進入第三天，巴基斯坦總統組織海上檢閱。編隊組成單縱隊，共

▲ 中國軍艦接受檢閱

計二十艘艦艇參加了檢閱。晚上，演習指揮部給中國海軍艦艇編隊發來戰術代碼「BZ」，意思是「幹得好」。在「連雲港」號上觀摩此次演習的巴基斯坦海軍觀察員費薩爾中校告訴中方編隊指揮員：「你能看出來嗎？總統先生對你們的表現很欽佩。」當看到中方指揮員詫異的表情時，費薩爾中校神祕地說：「你查查『巴布爾』艦經過你們編隊時的航速就知道了。」原來，「巴布爾」經過中國艦艇編隊的時候，航速從十二節降為九節，這在海上檢閱中是一種極高的禮遇。

此次演習是中國海軍首次走出國門參加海上多國艦艇聯合軍演，首次在國外軍演中進行實彈射擊，首次用北約通信格式指揮多國海軍聯合艦隊。這一刻，所有的目光都對準了中國海軍；這一刻，印度洋為中國海軍的優異表現而喝采。

▌山地勇士的驕傲

　　二〇一〇年十一月五日，中國與羅馬尼亞「友誼行動-2010」陸軍山地部隊聯合訓練在雲南昆明舉行。這是繼二〇〇九年在羅馬尼亞西部布拉德舉行「友誼行動-2009」之後，中羅兩軍舉行的第二次陸軍山地部隊聯合訓練，也是羅馬尼亞軍隊首次赴華與中方舉行聯合訓練。此次聯訓為期九天，中羅雙方各派出一支山地分隊參訓，主要就山地步兵戰術與技能開展聯合訓練。

　　雖然身處陌生的環境，也沒有熟悉的武器裝備，但羅馬尼亞軍隊的山

▲ 聯合訓練

地勇士還是以其精湛的戰術技能和默契的協同配合，讓中國同行們領略了外軍山地作戰的獨特魅力。

開訓第四天，在幾乎沒有任何準備的情況下，羅方參訓分隊進行了一場實戰化條件下的山地進攻戰術演示。

是日下午，接到摧毀「敵」通訊站指令的十五名隊員聚在離目標約五百米的一處低窪地。負責指揮的羅方軍士長將所有隊員等分成安全保障、攻擊和火力支援三個組，並明確了各自任務。隨後，三組士兵立刻從不同方向展開，以箭形態勢向目標抵近。

火力支援組在推進到離通訊站一百米處的樹叢時隱蔽下來，密切注視「敵軍」的一舉一動。安全保障組則從左側包抄，悄無聲息地放倒了「敵軍」哨兵，解除了目標周圍的警戒。右翼攻擊組幾乎同時突入通訊站內，迅速清除殘餘之「敵」並安放了爆破裝置。

確認目標被炸燬後，羅方分隊按照攻擊組、火力支援組、安全保障組的順序依次回撤。不料，「敵方」增援部隊聞訊而至，雙方發生激烈交火，一名羅方隊員不幸中彈，造成大腿骨折，醫護兵馬上對傷員進行了救治。緊接著，所有隊員利用地形地貌掩護，順利地脫離了戰場⋯⋯

十一月十三日清晨，淡淡薄霧將周邊綠意盎然的群山裝扮得清新而寧靜。然而，這種氣氛即將改變，兩群山地菁英正潛伏在這片層巒疊翠之間，等待著出擊的時刻。

九時許，參加「友誼行動-2010」中羅陸軍山地部隊聯訓的雙方隊員集結完畢，一場精彩的山地步兵分隊戰術綜合演練蓄勢待發。

很快，兩顆紅色信號彈騰空而起，吹響了進攻的號角。中羅雙方連長聯合指揮混編班組悄悄從左、右兩翼前出接近「敵軍」。只見左翼攻擊分

▲ 中羅士兵穿過火圈

隊攀牆躍壕，快速通過染毒地段，交替掩護前行；而右翼攻擊分隊則利用地形地物掩護不斷推進，直抵「敵」防禦陣地前沿……

　　儘管雙方隊員身材不同、服飾各異，但互教互學、分組合練等全新的組訓方式使得他們在九天之內就實現了高度統一，行動起來步調一致，隊形完整。

　　突然，指揮所電臺傳來緊急呼叫，左翼攻擊分隊遭遇「敵」猛烈炮火，部隊前進受阻！

　　危急關頭，由中士饒國勇和兩名羅方突擊隊員組成的特種破襲作戰小

組果斷出擊，迅速到達「敵軍」盤踞的一幢三層樓房前。在機槍手的火力掩護下，他們迂迴至「敵」方後側，不到一分鐘便通過繩索攀至樓頂，成功掃清了部隊前進的障礙。看到兩軍官兵如此密切的協同，現場觀摩的十幾位中羅高級軍官頻頻點頭。

默契的配合源於真摯的友誼。自羅方參訓分隊月初進駐以來，上自將軍下至士兵，兩國軍人始終關係融洽。訓練時，他們互幫互助共同提高；生活中，他們相互尊重平等交流，很多人成了好朋友。

九時四十分，戰鬥結束。被槍炮聲驚醒的群山再次恢復了之前的寧靜，「友誼行動-2010」中羅陸軍山地部隊聯訓也即將落下帷幕，但兩國軍人在並肩戰鬥中結下的深厚情誼將永遠流淌在彼此心中。

羅方參訓分隊指揮員、曾在伊拉克執行過七個月任務的艾歐安中尉得意地指著他臂章上的一朵小白花說：「這是雪絨花，是我們獨有的標誌。它只生長在雪線以上非常少有的岩石地表上，代表著勇敢、不屈和堅韌，也是我們山地勇士的驕傲。」

淡布隆河上的友誼

受到颱風襲擊的比昂河畔一片狼藉,災民的求救聲陣陣響起。身著不同軍裝的多國救災部隊迅即降臨,從空中、陸地、水上展開立體救援。日本、文萊的直升機搭載泰國的救災部隊從天而降,隨即對災民展開救助;由中國、印尼、菲律賓等國軍人組成的水上救援隊乘坐衝鋒舟從遠處趕來;中國、文萊、新西蘭的工兵早已架好了徒步吊橋,便於救災人員通

▲ 參演各國官兵合影

過……而在不遠處邦加鎮社區體育中心的衛勤分隊聯演現場，中國、新加坡、文萊的醫護人員正在積極救治後送「傷員」。

二〇一三年六月，「10+8」東盟防長擴大會人道主義救援和軍事醫學專業組聯合演練在文萊舉行。中國、美國、新西蘭、澳大利亞、新加坡、馬來西亞、文萊、越南、泰國、菲律賓、印度和印尼等十二個國家工程兵部隊和醫療救護分隊參加，共同完成了重型機械化橋架設、徒步吊橋架設、道路搶修、淨水作業、水上救援及廢墟搜救等內容的交叉整合訓練和聯合演練。

比昂訓練場位於淡布隆河畔，原為一座採石場，場地平坦，河道可通航，周圍植被較好。經過修整，訓練場滿足了架橋的要求，中國工兵分隊

▲ 瑞恩上尉向中國工兵分隊介紹比昂訓練場

架設了首段機械化橋。按作業要求，需要下水探查橋腳情況。中國工兵分隊的橋樑連江連長拍拍文軍演練現場負責人瑞恩的肩膀說：「上尉，淡布隆河中的鱷魚是不是只存在於傳說中，今天我們下水去試試，怕是你不敢來。」「鱷魚早嚇跑了，我怎麼會被它們嚇到，你等著我！」江連長不一會兒就潛到一側橋腳，瑞恩也毫不示弱，很快完成了水下探查。江連長對瑞恩讚歎不已。要知道，瑞恩上尉已近四十歲，血氣方剛不輸年輕戰士。兩軍官兵都為兩位連長喝采。

六月二十日是演練的最後一天，文萊蘇丹哈桑納爾及各國軍方高官率領的觀摩團到聯演現地觀摩。為了給重型救災裝備開闢道路，在河道一處較窄的區域，來自中國、文萊和新西蘭的十八名工兵分成三組展開作業：拉線組先行乘船過河拉起鋼索；吊環組打釬、擺鎖、固定；橋節連接組搬

▲ 文萊蘇丹哈桑納爾飲用中國淨水作業車淨化過的河水

運橋節。三國官兵協同操作,倒車進位、穩定支腿、展開橋跨、整理橋面……一塊塊橋節被迅速而有節奏地推到橋面上。在發動機的轟鳴聲中,橋面不斷向對岸快速延伸,比昂河瞬間天塹變通途。

此時,各國救援部隊迅速通過橋面進入災區,展開聯合搜救……

文萊蘇丹哈桑納爾和各國觀摩團代表興致勃勃地登上中、文官兵聯合架設的重型機械化橋。他一邊朝對岸走,一邊了解橋樑情況,對演練效果讚不絕口。

多國官兵進入災區後,迅速實施人員搜救、空投物資,偌大的聯演區域各國軍人穿梭往來、各司其職。中國工兵分隊操縱路材車快速搶通受損道路,中美士兵分別利用淨水系統為災民供應飲用水。中國野戰淨水車水管流出汩汩清泉,哈桑納爾拿起水杯品嚐了起來……

六月二十一日,圓滿完成演練任務的中國工兵分隊將在穆阿拉港乘「崑崙山」艦回國。這是淡布隆河的入海口,文萊灣的一部分,與中國南海匯成一體。各國參演官兵連日來的團結協作,如同淡布隆河口的涓涓細流,連通江海,就像瑞恩上尉和中國工兵分隊的友誼一樣,旖旎婉轉。

實戰化的競賽

紅色的俄羅斯 T-72B3M 坦克，以超過每小時五十公里的速度「飛」過斜坡，「咣」的一聲砸在地上，毫髮無損繼續前進。

這一幕，看得中國裝甲兵驚心動魄。

綠色的中國 96A 坦克快速行進間轉動炮口，瞄準開火，直中靶心。

這一發，讓俄羅斯裝甲兵目瞪口呆。

「坦克兩項-2014」國際競賽於二〇一四年八月四日至十六日在莫斯科郊外的阿拉比諾訓練場舉行。中國軍隊首次亮相這一賽事，獲得了銅牌。

這場競賽，在千里之外的中國引起了極大的關注。用中國代表團領隊、陸軍第一集團軍某裝甲旅旅長王向東大校的話說，「網上輿論的壓力非常大！」

喧囂過後，王向東和他的戰士們用軍人的視角重新審視在莫斯科的經歷。在他們向總部和裝備生產企業提交的總結報告中，「實戰化」成為關鍵詞，這也是他們莫斯科之行最直接的感悟。

二〇一三年，俄羅斯、哈薩克斯坦、白俄羅斯和亞美尼亞裝甲兵在俄羅斯舉行了首屆國際坦克兩項比賽。二〇一四年，來自俄羅斯、安哥拉、亞美尼亞、白俄羅斯、委內瑞拉、印度、哈薩克斯坦、吉爾吉斯斯坦、中國、科威特、蒙古和塞爾維亞十二個國家的裝甲兵參加了比賽。

王向東大校率領的裝甲旅從二〇〇五年開始換裝 96A 坦克，是全軍最早形成戰鬥力的部隊之一。此次派出了全旅最好的三個車組前往俄羅斯參賽。

從七月十九日抵達到八月四日開賽，中國裝甲兵只進入場地兩次：一次是進行適應性訓練，另一次是進行武器實彈校正。此外，他們只能「練練體能，營區裡跑跑步」。

「坦克兩項-2014」分為四個階段。首先是單車賽，十二個國家的三十六個車組被編為九個小組，二十公里競速，其間進行機槍、火炮射擊。每次射擊失利，都會被罰圈或罰時，最終以用時排名。

作為第一個項目的第一個出場車組，中方的809車被後發車的俄羅斯坦克逐漸追上。一個轉彎後，駕駛員感覺到自己的坦克被撞擊了。被T-72B3M撞擊後的809車的側裙板慘不忍睹，只能換車繼續比賽。

809車組的成績原本排在第七名，就此落後到第二十七名。中國代表團也由本來的第五名落後至第八名。

在本次比賽中，除了中國代表團自帶坦克，所有參賽國家都使用俄羅斯提供的、裝備九百馬力發動機的T-72BV坦克。為此，他們還可以用六週時間在場地內接受俄方的指導。俄羅斯人自己使用的是更好的T-72B3M，它是T-72系列坦克的最新型號，一千一百馬力。

中國代表團使用的96A坦克只有八百馬力，而且沒有經過改裝。高機動性一直是俄羅斯裝甲部隊的傳統，其戰術戰法均與這種武器特點有關。動力差異是此次賽事中的焦點。第一階段比賽結束，中國坦克被撞得「七零八落」的圖片在國內網上瘋傳。中國代表團壓力空前，王向東整夜睡不著，不停地抽菸。

第二階段短程賽，本來只需在周長四公里的場地上跑一圈半，臨時被競賽組委會增加為兩圈半。

在96A接近90%的命中率和T-72系列似乎從來不會出現車損的高機

▲ 中國隊坦克參加接力賽

動性之間，競爭逐漸白熱化。俄羅斯坦克最後甚至放棄射擊，一發不中罰跑一圈。T-72B3M 跑一圈可以只用三十二秒，96A 則需要五十多秒，甚至超過一分鐘。

射擊似乎成了俄羅斯人的死結。從網絡上傳播的視頻中可以看到，96A 在接近標靶時幾乎不用降速，就可以連續射擊命中，其他國家即使停下來也容易炮炮全失。

「坦克兩項-2014」第二階段結束，射擊全中的中國代表團排名第四，前兩個階段總排名升至第六位。

在 T-72 也難以抵禦的極端條件下，到第三階段開始前，已有近十個國家更換過坦克，而火控系統在顛簸中也經常發生問題。

第三階段是體能競賽，分為俯臥撐、百米、仰臥起坐和障礙四個項目，每個車組抽籤一人參加全部四個項目。俯臥撐競賽並不像國內那樣，支起身體、停頓、下俯，統計規定時間內的次數，而是連續不斷起伏，稍

有停頓就叫停。戴田財做了七十三個俯臥撐，排名第一；王春衛一分鐘做了五十六個仰臥起坐，排名第一。中國軍人還在百米中以十二秒六排名第二。

　　整個競賽持續十三天，每日都在俄羅斯夏季的烈日下進行。最後一天，科威特一個車組的駕駛員突然昏厥，導致坦克失控，還是觀禮台上的中國軍人跑過去進行了救援。

　　經過十多天的激烈爭逐，儘管在體能競賽中「絕地反擊」，但中國代表團距離由俄羅斯、亞美尼亞組成的第一集團仍存在一定差距，最終只獲得綜合成績第三名。

　　王向東大校說，出去看看，收穫真的很大。

▲ 頒獎儀式

第三章

大國擔當

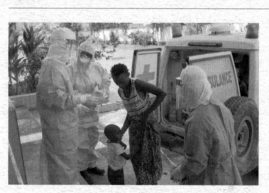

二○一四年，馬航 MH370 客機失聯、西非埃博拉疫情肆虐，讓世界揪心、全球關注的煩惱接踵而至。在這些牽動國際社會神經的急難險重事件中，都出現了中國軍隊火速馳援的身影。

　　從不介入到積極參與，中國藍盔部隊已成為世界舞臺上維護和平的一支重要力量。一九九○年，中國向聯合國停戰監督組織派遣了五名軍事觀察員，開啟了中國軍隊參加聯合國維和行動的序幕。截至二○一四年十月，中國軍隊先後參加了二十四項聯合國維和行動，累計派出維和軍事人員二點七萬餘人次，有九人在執行任務中犧牲。中國是聯合國安理會五個常任理事國中派遣維和人員最多的國家。

　　二○○八年對於中國海軍是一個特殊的年份。這一年，中國海軍遠赴亞丁灣、索馬里海域，開啟了中國海軍遠洋護航的序幕。這是中國軍隊首次組織海上作戰力量赴海外履行國際人道主義義務，也是中國海軍首次在遠海保護重要運輸線安全。二○一五年十二月十六日，中國海軍第二十一批護航編隊順利將第九百批船舶護送至亞丁灣東部的解護點。至此，中國海軍護航編隊已累計圓滿完成九百批六○九六艘中外船舶的護航任務。

　　在國際救援領域，人們也越來越多地看到中國軍人的身影。自二○○一年四月組建以來，中國國際救援隊先後赴阿爾及利亞、伊朗、印度尼西亞、巴基斯坦、海地、新西蘭、日本等國家執行國際救援任務。

　　近些年來，中國軍隊在涉及人道主義援助、災難救援、聯合國維和行動等多種類型「非戰爭軍事行動」領域表現得非常活躍，充分展現了一個大國的責任與擔當。

聯合國維和部隊中的首任中國司令官

二〇〇九年六月十五日，迎著東昇的旭日，一架噴有醒目的「UN」標識的白色 AN-26 騰空而起。聯合國西撒特派團維和部隊司令趙京民少將在聯合國的專機上開始了他一天忙碌的工作。

西撒哈拉位於非洲西北部，與摩洛哥、毛里塔尼亞和阿爾及利亞接壤，曾是西班牙殖民地。摩洛哥與西撒哈拉人民解放陣線就這一地區的歸屬問題進行了長達十多年的戰爭。一九九一年四月，聯合國安理會通過決議，設立聯合國西撒哈拉全民投票特派團（簡稱「聯合國西撒特派團」）。

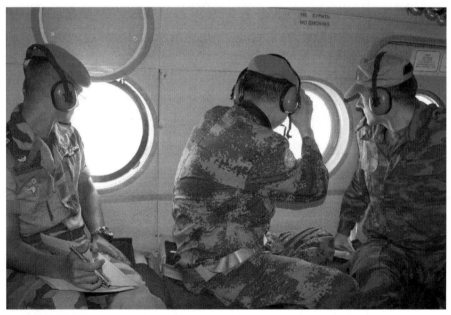

▲ 觀察地面情況

一九九一年九月五日，聯合國在西撒部署了第一批維和部隊，中國政府首批派出二十名軍事觀察員，趙京民就是其中之一。在西撒哈拉擔任軍事觀察員時，趙京民曾奉命護送一名來訪的英國議員穿越沙漠返回營地，但當時聯合國配發的 GPS 還未到位。憑藉曾在步兵學校受訓的經歷，他依靠一個指北針和一張軍事地圖，在沒有任何參照物的沙漠中完成了任務，從而贏得了同行的尊重。

二○○七年九月十七日，趙京民時隔十六年再次回到西撒哈拉，在西撒首府拉尤恩正式就任聯合國西撒哈拉全民投票特派團軍事部隊指揮官，成為聯合國維和部隊中的首位中國司令官。

經過近兩個小時的飛行，趙京民司令的專機降落在位於沙漠腹地的特法瑞提軍事觀察員點，他要為這裡的各國軍事觀察員舉行授勳儀式。能夠得到任務區最高軍事長官親自頒發的聯合國維和行動勳章，是每一名維和軍人莫大的榮譽。

授勳儀式結束後，趙京民在駐地簡單地吃了午飯，便乘車上路了。西撒衝突持續了近二十年，路邊埋了大量地雷，當地牧民和牲畜觸雷身亡的情況時有發生。對聯合國維和軍人來說，地雷是對生命的嚴重威脅，而在炎熱、乾旱的沙漠戈壁中，還要面對另一個巨大的生活困難——用水問題。

正午時分，趙京民的車隊依然在沙漠中飛馳向前，他要趕到比爾拉盧去，同波利薩里奧人民解放陣線的首領商談解決駐守在那裡的聯合國維和人員的生活用水問題。當地水質非常惡劣，重金屬含量嚴重超標。趙京民曾向聯合國西撒特派團申請自己打井，但因費用太高一直沒能實現。與波利薩里奧人民解放陣線游擊隊首領的商談非常順利，對方答應幫助維和軍

事觀察員解決用水問題。

解決完用水問題，趙京民司令的車隊在突如其來的沙塵暴中繼續出發，前往波利薩里奧人民解放陣線的一個軍事基地。作為聯合國西撒維和任務區的部隊最高指揮官，趙京民的主要任務之一就是定期與交戰雙方軍事首腦進行會晤，在恪守中立的原則下，去和雙方溝通，得到雙方的配合。

下午五時，趙京民司令乘專機返回司令部駐地，與兩位隨機而返的聯合國文職官員交談，傾聽他們對西撒的了解和認知，並向他們介紹任務區的有關情況。

夕陽西下，一望無際的沙漠顯得更加平靜。鳥瞰著落日中金色的撒哈拉，趙京民司令在充滿感慨和期盼中結束了一天的工作。

▲ 現場磋商

走向深藍的航跡

　　二〇〇八年十二月二十六日，由三艘軍艦組成的中國首批護航編隊從海南島亞龍灣軍港出發，挺進亞丁灣、索馬里海域，拉開了中國海軍遠洋護航的序幕。根據活動海域海水的顏色，國際上通常把海軍分為黃水海軍、綠水海軍和藍水海軍。涉足海域的海水顏色越深，代表一個國家海軍的實力越強。萬里之外的非洲索馬里周邊海域平均水深四千米，呈現迷人的深藍色。遠道而來的中國海軍，能否通過這場「深藍考驗」？

▲ 二〇〇八年十二月二十六日，中國海軍首批護航編隊解纜出征

初戰告捷

二〇〇九年一月六日，中國海軍護航編隊抵達任務海區，開始執行首批護航任務。「河北翱翔」號、「晉河」號等四艘商船一路縱隊依次排開，「武漢」艦和「海口」艦一前一後，劃出了遠洋護航的第一道航跡。第二天中午，編隊遭遇了護航以來的第一次險情：二艘疑似海盜母船，各拖帶一艘七八米長的小艇，從編隊右舷三鏈處通過。這是編隊第一次近距離、面對面看到可疑船隻。指揮所立即部署行動，按照預先方案向可疑船隻鳴笛示警。聽到警示後，可疑船隻見無機可乘，只能逐漸遠離護航編隊。

第一次與可疑船隻打交道，有驚無險。但官兵們深知，這僅僅是一個開始。一月十四日晚，剛剛完成第二次護航任務的「武漢」艦突然接到求救：「我是『天河』，有兩個小目標追隨，請求支援！」全艦立即進入一級戰鬥部署，全速駛向遇險船隻。特戰隊員通過夜視儀發現了兩艘小艇正尾隨在「天河」號右側。「武漢」艦迅速調整航向航速，抵近小艇。也許是因為發現軍艦，小艇關閉了燈光，消失在茫茫夜海中。這是中國海軍艦艇編隊第一次緊急解救遇險商船，乾淨利落。

一月二十九日上午，正在護航的「武漢」艦接到希臘商船「ELENIG」號的緊急呼救。指揮員果斷下令直升機升空。十七分鐘後，直升機飛臨商船上空。機長孫自武果斷摁下發射按鈕，三枚信號彈隨即出膛，七艘小艇紛紛逃離。兵不血刃！這是中國編隊首次成功解救遇險外籍商船。獲救的「ELENIG」號船長激動地說：「感謝上帝！感謝中國海軍！」

▲ 「武漢」艦

千里馳援

中國海軍第二批護航編隊「黃山」艦的每位官兵都不會忘記這一天：二〇〇九年四月二十四日。

這天下午十五時五十六分，「黃山」艦接到了接護被劫獲釋的菲律賓籍「斯圖爾特力量」號商船的任務。該船於二〇〇八年十一月被海盜劫持，近日剛被釋放。船上有二十三名菲律賓籍船員。經過近六個月的綁架劫持，船上油、水、糧已被海盜洗劫一空或消耗殆盡。此刻，這艘孤立無援的商船正漂泊在索馬里以東五十餘海里的印度洋洋面上等待救援。

受領任務後，「黃山」艦官兵根據先期掌握的該船情況，從油、水、主副食和藥品等方面進行了全面準備，周密制訂了接護行動的預案。為及早趕赴指定海區與其會合，儘早減輕獲釋船員的壓力，任務明確後「黃山」艦立即以高速前往，連續航行五一三海里後，於當地時間次日早上七

時許與獲釋船隻安全會合，並立即為其進行了補給。

航行期間，接護官兵絲毫沒有放鬆對周圍海區觀察警戒，不放過海上任何一個可疑回波；特戰隊員和直升機始終保持著高度戒備，作好了隨時處置海盜威脅的準備。

果不其然！二十七日凌晨，天剛濛濛亮，雷達兵報告：「距離五海里發現可疑目標！」氣氛驟然緊張起來，飽受海盜驚嚇的「斯圖爾特力量」號船員驚恐地懇求中國海軍務必確保他們的安全。指揮員組織艦艇迅速機動到可疑目標與「斯圖爾特力量」號之間，掩護著該船加速航渡。那可疑的漁船附帶著四艘白色的快艇，行蹤詭異地在護航編隊四周遊蕩，始終保持著二至三海里的距離，跟隨航行了一小時十七分鐘，見無機可乘，只好掉頭而去。當日下午，中國海軍終於掩護「斯圖爾特力量」號安全抵達解護點。分航時，「斯圖爾特力量」號船長向護航官兵致謝：「我要告訴全世界，是中國海軍救了我們！」

「黃山」艦千里馳援並安全接護「斯圖爾特力量」號商船，是中國海軍護航編隊首次救助接護外籍被劫獲釋商船。時任菲律賓副總統卡斯特羅專門就此事發表聲明，盛讚中國海軍義舉。

聲名鵲起

中國海軍領導曾說：「遠洋護航是檢驗海軍履行使命任務能力的實戰性行動，在護航行動這塊『磨刀石』上，海軍遂行多樣化軍事任務的能力經受了實打實的磨礪。」

二〇一〇年十一月二十日上午十一時，一陣槍聲打破了亞丁灣的寧靜。

▲ 高速快艇巡邏

　　有世界半潛船「全能冠軍」和「亞洲第一船」之稱的中國籍特種運輸船「泰安口」號遭海盜襲擊，四名海盜登船。二十一名船員向外發出求救信號後，全部撤至「安全艙」，等待救援。

　　情況危急！接受前往救援命令的第七批護航編隊「徐州」艦全速奔赴三百五十海里外的事發海域。二十一日凌晨二時五十七分，「徐州」艦行至距「泰安口」輪二十海里處。八時二十九分，編隊指揮下令「徐州」艦展開援救行動。擔負封控掩護任務的直升機呼嘯而起，兩艘小艇搭載八名特戰隊員向「泰安口」輪高速駛去。

　　特戰隊員兵分兩組，從船尾攀登上商船。兩名隊員分別留守主甲板和

制高點，封控艙面海盜可能逃離的出口。其餘六名隊員組成搜索隊形，按照從上到下、由中間至兩側的順序，對駕駛室和船員住艙七個甲板層進行仔細排查。推門、側閃、封控……特戰隊員戰術動作一氣呵成，配合默契。

九時五十三分，經過近八十分鐘的戰鬥搜索，特戰隊員確認登上「泰安口」輪的海盜已經全部逃離，二十一名船員全部安全獲救。

這是中國海軍護航編隊首次派兵登船處置險情，國際社會對此給予了高度評價。美國海軍國際合作局托尼斯上校稱，在船員躲進安全艙室、無法通報海盜信息的情況下，中國海軍特戰隊員首次登船處置險情，面臨的危險程度與實戰無異，其採取逐艙搜索、確認船舶安全後再解救船員的做法十分專業。

在危機四伏的護航過程中，在爭分奪秒的解救行動中，在與狡猾的海盜及神出鬼沒、幽靈般的可疑小艇鬥智鬥勇中，中國海軍護航官兵逐漸摸索出海盜活動的特點規律，修改完善了單縱隊、單橫隊、雙縱隊等護航隊形以及伴隨護航、分組護航、接力護航、應召伴航、巡邏護航和隨船護衛等護航方式。

中國海軍護航編隊一次次成功處置突發情況，使得一艘艘中外船舶安全通行，贏得了外國商船的高

▲ 與特戰隊員一起巡邏

度信任，大大提高了中國海軍的聲譽。中國海軍護航的航道成了亞丁灣的「百分百安全航道」，越來越多的外國商船主動尋求中國海軍護航。希臘「西基諾斯」、巴拿馬「海王星」商船寧可等上兩三天，也要讓中國軍艦護航；「馬士基大西洋」商船先後數十次加入由中國海軍艦艇編隊護航的船隊；不少外國商船甚至從「國際推薦通行走廊」駛來，尋求中國海軍的保護……

▲ 第五批護航編隊「巢湖」艦正為商船護航

搶險救援「國家隊」

二〇〇九年十一月，一場由聯合國組織的國際救援能力分級測試正在緊張進行。

在聯合國考官苛刻的審視中，參加測試的北京軍區第三十八集團軍工兵團一營官兵，高標準完成了空中遠程機動、指揮所開設、搜救行動共二十一個課目一百五十個內容，全票通過獲得國際重型救援隊資格認證，成為亞洲第二支、全球第十二支國際重型救援隊，跨入國際一流救援隊行列。

二〇〇一年四月二十七日，時任國務院副總理溫家寶莊嚴宣佈：「國家地震災害緊急救援隊正式成立！」隨後，一面鮮紅的救援隊隊旗，傳遞到了一營官兵手中。

組建之初，面對無訓練教材、無評定標準、無現成經驗的局面，面對價格昂貴、前所未見的進口救援裝備，官兵們看在眼裡，急在心頭，一種強烈的使命感在心中升起。從此，他們一刻也沒有停止過創新探索的步伐。

通過近乎殘酷、挑戰極限的練兵，救援隊實戰能力不斷躍升。他們先後探索出高空救援、廢墟下黑暗無氧搜救等十餘種救援方法，編寫出《救援器材作業指導法》《救援現場控制與管理》等七本教材，被國家地震局確定為全國通用救援訓練專用教材。

二〇〇三年五月二十二日凌晨，阿爾及利亞發生芮氏 6.9 級地震，造成大量建築物倒塌和重大人員傷亡。應阿爾及利亞政府請求，中國政府決

▲ 中國國際救援隊在阿爾及利亞震區搜尋倖存者

定派出中國國際地震災害緊急救援隊，實施國際人道主義救援。剛剛組訓兩年的一營官兵奉命出征，首次邁出國門執行任務。抵達震區後，經過五個晝夜的奮戰，救援隊挖出四名遇難者遺體，成功搜救出一名十二歲的男孩，成為救災現場三十八支國際救援隊中救出倖存者的兩支國家救援隊之一。在救援隊啟程回國時，當地群眾在馬路兩邊自發排起長隊，眼含熱淚將一束束鮮花送到隊員手中，有人還用生硬的漢語高呼：「中國——萬歲！」「中國——朋友！」

二〇〇五年十月八日，巴基斯坦西北邊境地區發生強烈地震。一營十九名官兵乘專機率先到達重災區巴拉考特，在前來救援的諸多國際救援隊

▲ 巴基斯坦救援現場

中，出動速度最快、營救倖存者最多。

　　新加坡民防學院是一個以訓練要求嚴格著稱的高級培訓機構。二〇〇六年，一次難度極大的城市搜索與救援培訓在這裡舉行，來自全球的救援菁英薈萃於此。在 32℃以上的高溫中，參訓人員穿著厚重制服展開高強度訓練。在嚴重挑戰人體極限的惡劣環境中，一些國家的參訓人員無法忍受，甚至有人當場退出。代表中國的一營官兵不但自始至終全程參訓，還創造了體能、現場操控、演練文書、災情評估、綜合評定、總分六個 A 的全優成績。新加坡民防學院的榮譽牆上，第一次掛上了中國隊員的照片。

二〇一〇年一月十三日，海地發生 7.3 級強烈地震，當時一營正在組織冬季野外生存訓練。接到出征的命令後，團長王洪國、政委王華林緊急集合部隊。二小時後，一營十四名官兵攜帶三條搜救犬從營區出發，一小時後在首都機場完成集結。聯合國官員評價：「中國國際救援隊的反應速度是難以想像的、超常規的！」

▌駛向大洋的「生命之舟」

二〇一〇年八月三十一日,「和平方舟」號醫院船從中國浙江舟山港緩緩起航,前往亞丁灣海域及吉布提、肯尼亞、坦桑尼亞、塞舌爾、孟加拉國等亞非五國執行「和諧使命-2010」任務。這是中國「和平方舟」號醫院船首次赴國外執行巡診及醫療服務任務。

目前,全球海軍中僅中國、美國和俄羅斯海軍有醫院船,但美俄的醫院船都是集裝箱船或者其他船舶改裝的,只有中國海軍的醫院船是專門設

▲ 「和平方舟」號醫院船

計建造的。從醫療設施看，中國醫院船在四千平方米的醫療區域內，配有八個手術室、三百張病床，具備通過衛星與岸基醫院進行遠程醫療會診的能力，達到中國國內全科醫院三級甲等水平。另外，中國醫院船還採用了減震降噪技術，堪稱一座「安靜型」的現代化海上流動醫院。

每當醫院船停靠在到訪國的碼頭，中國海軍軍醫要給當地民眾提供無償醫療服務的消息頃刻間就會傳遍大街小巷。每天一大早，碼頭就會擠滿前來就診的民眾。在醫療分隊前出的醫院，也常常是人滿為患，甚至導致當地交通堵塞⋯⋯

在吉布提，六十四歲的蒙烏薩患有嚴重的風濕病，又因白內障失明多年。那天，在醫院船上，他接受完十七個項目的檢查後，已經是下午一點多了。當他走出門診室的時候，早已守候在病房外的海上醫院政委王希望熱情地遞上一份備好的午餐。重見光明，是蒙烏薩夢寐以求的夙願。當手術後劉百臣醫生揭開他眼前的紗布時，他愣住了，隨後情不自禁地抓住劉醫生的手不住地親吻，哽咽著說：「感謝上帝派來的使者！」劉醫生像攙扶親人一樣，緊緊地挽著老人的手臂，一步一步將他送下醫院船的舷梯。那時正是夕陽西下，溫柔的晚霞中，他們兩人的背影朦朧而溫馨，如同一幅動人畫卷。

在肯尼亞，有一位六十八歲的老太太索菲婭，她在「和平方舟」號醫院船接受了白內障手術，視力恢復很快。臨近出院，醫生為她檢查視力，第一天她能看清一點五米，第二天能看清三米，第三天能看清六米。老太太高興極了，幽默地說：「我現在最期待的就是幾天後能夠看到中國的首都——北京。」

在孟加拉國，二十五歲的孕婦傑娜特患有嚴重的先天性心臟病。傑娜

特來到醫院船的時候，懷孕已近三十六週，並出現了宮縮和呼吸困難，需要立即進行剖腹產手術。為一名先天性心臟病患者進行剖腹產，事關兩條生命的安危。為確保手術萬無一失，醫院船在對各種風險充分評估論證的基礎上，組織六名專家展開集體會診，並制訂了多種防範和應對措施。當主刀醫生陳蕾開始手術後，驚險的一幕還是發生了：手術開始約五分鐘後，產婦心率出現大幅度波動。手術室內的氣氛頓時凝重起來。心內科專

▲ 太平洋上的升旗儀式

家費宇行果斷決定，採取對應措施，幫助降低心率。三分鐘後，產婦心率恢復正常。「哇——」在手術進行到二十五分鐘的時候，一聲響亮的嬰兒啼哭使手術室內的氣氛頓時活躍起來。一名女嬰順利出生，母女平安！

......

把自己精心晾曬的當地名茶「香草茶」送給中國醫生品嚐，把剛剛整修一新的專家大樓讓給中國醫生使用，將全國唯一一架軍用飛機留給中國醫生搭乘……這點點滴滴的感動之舉，無不說明當地民眾對中國醫院船官兵的歡迎和感謝。當「和平方舟」號醫院船官兵在深藍的航跡間譜寫無疆大愛的時候，他們的故事已經感動了世界！

海陸空緊急大撤離

　　二〇一一年二月十七日，一位行色匆匆的中國軍人在利比亞首都的黎波里的大街小巷忙碌奔走，為緊急撤離中國僑民進行多方聯絡。他，就是五十五歲的中國駐利比亞武官梅宏賓大校。

　　二〇一一年二月中旬以來，北非國家利比亞局勢持續動盪，引起國際社會的密切關注。隨著該國爆發的騷亂及流血事件不斷升級，外國僑民開

▲ 梅宏賓成功率領滯留在米蘇拉塔市的七一三九名中方人員撤離到希臘輪船上

始爭相逃離這片動盪之地。在此次撤僑大潮中，中國政府以行動之迅速、規模之大、效率之高，贏得了國際社會的廣泛尊重。在前後不到十天的時間裡，中國政府共派出九十一架次民航包機、十二架次軍機，租用三十五架次外航包機、十一艘次外籍郵輪、一百餘輛次客車，動用五艘貨輪、一艘軍艦，海陸空三路出擊，涉足四十餘個國家，將分散在利比亞各地的三五八六〇名同胞全部安全地撤離回國。在這場史無前例的最大規模的海外撤僑行動中，中國軍隊的積極參與引起了國際社會的廣泛關注。梅宏賓大校，只是參與撤僑行動的眾多中國軍人中的一位。

中國武官在行動

梅宏賓武官不是一個人在戰鬥。為了三萬多中國公民的平安撤離，從北京，從開羅，從赫爾辛基，從斯德哥爾摩……還有數十名中國軍人正千方百計緊急飛赴利比亞或其鄰近國家，他們擁有一個共同的名字——中國武官。

「我們急需床位，越多越好！」中國駐希臘武官李傑操著流利的希臘語在電話這頭向克里特島上的酒店經理們一遍又一遍地重複這句話。李傑曾在希臘留學四年，是位希臘通。位於地中海北部的克里特島是希臘第一大島，也是除埃及、突尼斯兩國外，距離利比亞最近的地區。此次撤離行動中，二萬餘人要通過海路撤出，其中一萬多人將被安置在克里特島，該島已成為整個撤離行動中任務最艱巨的地區之一。時值旅遊淡季，島上酒店大多已關門歇業，此時要想協調出上萬個床位難上加難。李傑武官自告奮勇承擔了這個幾乎「不可能完成的任務」。通過動用各種力量和資源，李傑僅用了十八個小時就確定了十一家酒店的六千五百張床位，隨後又增

加到十四家酒店一萬張床位，出色完成了看似不可能完成的任務。

　　二月二十五日深夜，在突尼斯和利比亞邊境小城拉斯傑迪爾的邊防觀察哨裡，一個全身濕透的人在捧著一盆小小的炭火取暖，微弱的光亮照在他極度疲憊的臉上。他，就是剛剛完成了第一批中方人員撤離任務的中國駐突尼斯使館武官楊旭。連日來，楊武官迅速協調當地警方，為中國公民開通了不用排隊、不用填表、直接入境的綠色通道。但好事多磨，突尼斯方面的工作剛做通，中方撤離人員卻在出境時遭到阻撓，大量人員在利比亞一側滯留。當天，利突邊境地區狂風暴雨、氣溫驟降。由於與利方一側無法通聯，楊武官只能頂著風雨在邊界線上等待。突尼斯邊境警察上前讓他到一旁崗亭裡避避雨，他說：「謝謝您的好意，我不能離開。我要讓我

▲ 邊界線上的守候

的同胞在踏上突尼斯國土時第一眼就能看到我手中的國旗！」二十四日凌晨，利比亞方面終於放行第一批五十四名中國公民。當他們進入拉斯傑迪爾口岸，第一眼就看到風雨中的五星紅旗和已經在這裡等待了十五個小時的中國武官時，激動的淚水奔湧而出。

中國海軍在行動

二〇一一年二月二十三日，位於北京的海軍司令部作戰指揮大廳的世界地圖前，一群將校軍官把目光鎖定在亞丁灣和地中海這兩片蔚藍的海域。

此時，遠在亞丁灣，第七批護航編隊「舟山」艦正靠港進行例行休整補給，「徐州」艦正在亞丁灣西部海域執行第二九九批船舶護航任務。在受領了撤僑任務後，「徐州」號導彈護衛艦立即啟程趕赴利比亞附近海域。在穿越曼德海峽、橫跨紅海、過蘇伊士運河，連續航行六個晝夜後，「徐州」艦於三月一日抵達利比亞班加西港外海的任務海區，與搭載二一四二名從利比亞撤離的中方人員的「威尼澤洛斯」號商船順利會合，開始為撤離中國在利比亞人員的船舶實施首次護航任務。

經歷千辛萬苦到達任務海區的「徐州」艦官兵心情格外激動，他們通過電臺與「威尼澤洛斯」號商船進行聯絡。在「徐州」艦艦載雷達發現了「威尼澤洛斯」後，指揮員王獻忠立即命令艦載直升機起飛，赴「威尼澤洛斯」號商船上空進行巡邏警戒，並組織「徐州」艦特戰隊員嚴密觀察海面。當「徐州」艦在距「威尼澤洛斯」號約二海里處時，官兵們拉起「祖國海軍向你們致以親切問候！」「祝同胞們一路平安！」的橫幅，以特有方式向同胞表示親切的問候。許多同胞抑制不住內心的喜悅，在「威尼澤

▲ 「徐州」艦特戰隊員向客輪上的中國同胞揮手致意

洛斯」號商船甲板上拚命地朝著「徐州」艦方向歡呼吶喊：「感謝偉大祖國！向祖國海軍官兵致敬！」此時此刻，血濃於水的同胞情在地中海上空交融、激盪。

這是中國海軍首次派出軍艦參與海外人員撤離行動。從亞丁灣到地中海，「徐州」艦連續航行十七個晝夜，跨越二十個緯度，轉戰五二四三海里，為撤離同胞開闢了一條安全通道。

中國空軍在行動

二月二十六日，仍有一點五萬餘名中國同胞尚未撤出利比亞，已經撤

出的二萬餘人還集中在克里特島等地。

危急關頭，分秒必爭！中國空軍首次派運輸機赴海外參與人員撤離行動就此拉開了序幕。二月二十八日十六時左右，中國空軍四架伊爾-76型運輸機從烏魯木齊地窩堡國際機場起飛，飛赴利比亞。三月一日十七時四十分，師長俞金池率領編隊飛抵蘇丹喀土穆機場，補充燃料後旋即於二十時三十五分起飛赴利比亞塞卜哈機場。次日凌晨零時三十分左右，第一架飛機抵達塞卜哈機場，裝載第一批二五一名中方人員後，立即直飛蘇丹。另外三架飛機接踵而至。三月二日，中國空軍首批接運人員共七五一人，其中中國公民五一一人、外國公民二四〇人。

至此，機群編隊飛經巴基斯坦、阿曼、沙特阿拉伯、蘇丹、利比亞等

▲ 撤離人員安全踏上祖國的土地

五個國家，飛過阿拉伯海和紅海，跨越六個時區，單程空中飛行時間超過十二小時，中途僅在卡拉奇和喀土穆加油稍事休整。

三月四日，圓滿完成撤離在利比亞人員任務的四架空軍運輸機安全抵達北京南苑機場。當首架伊爾-76軍機安全落地時，迎接的人群中爆發出雷鳴般的掌聲。

九天八夜，遠隔九千多公里，三五八六〇人全部安全撤離。中華人民共和國成立以來最大規模海外公民撤離行動宣告成功！

▎抗擊埃博拉

二〇一四年伊始，埃博拉疫情席捲西非四國。怵目驚心的發病症狀，無藥可救的死亡現場，心驚膽顫的非洲居民，一樁樁一件件通過媒體的報導，讓全球盡收眼底。疫情剛一爆發，中國政府就向幾內亞、利比里亞、塞拉利昂、幾內亞比紹共提供價值四百萬元人民幣的防控救治物資；隨著疫情的惡化，又向埃博拉疫情最為嚴重的幾個西非國家提供包括防護衣、消毒劑和熱檢波器等急需用品在內的總價值三千萬元人民幣的緊急人道主義援助物資。不僅如此，當有些國家人員紛紛撤離疫區時，中國援非醫療隊不僅沒有離開，還從國內派遣中國軍隊醫療專家奔赴非洲抗疫第一線。

與時間賽跑

二〇一四年九月十七日凌晨，中國軍隊首批援助塞拉利昂醫療隊經過十八小時的飛行，抵達塞拉利昂首都弗里敦，並於當天上午前往弗里敦市郊駐地。

民眾驚恐無助的眼神，不時呼嘯而過的救護車，大街小巷張貼的埃博拉宣傳海報，每天不斷刷新攀升的疫情數字……這一切，無不昭告著這個國家正經歷一場空前劫難，而且情況遠比隊員們想像的要嚴重得多，大家的心弦一次次為之震顫。

疫情就是敵情，時間就是生命！在沒有機械化卸載工具的情況下，隊員們連續奮戰三晝夜，靠手抬肩扛，對隨貨機運抵的四十七類近五十噸醫療和後勤物資設備進行了卸載、清點、搬運、整理和入庫。他們僅僅利用

▲ 解放軍援塞醫療隊隊員指導中資企業員工加班加點對中塞友好醫院進行改造

一週時間，就將原有的綜合性醫院改建成具備收治烈性傳染病埃博拉的專科醫院。留觀中心落成當天，塞拉利昂總統科羅馬說：「今天是中塞友誼史上重要的一天。在面對疫情的危急時刻，中國伸出援助之手，提供物資、人員和現金，和塞拉利昂站在一起共同抗擊埃博拉。中塞友好醫院留觀中心的建成再次見證了中塞友誼。」

十月一日，中塞友好醫院埃博拉留觀中心正式開診。狙擊疫情的攻堅戰鬥即將打響，「全副武裝」的醫護人員嚴陣以待。

當救護車拉著刺耳的警笛聲，將首批七名埃博拉疑似病人轉運到留觀中心時，醫護小組猶如聽到戰鬥的號角，奔向自己的崗位。

防控組成員對轉運患者車輛進行徹底消毒。醫療組成員逐一為患者分

▲ 解放軍援塞醫療隊護理人員正在測量患者體溫

發口罩、測量體溫。醫療組組長秦恩強仔細問診，採集病史，制訂治療方案。護士將病人領進病房，交代入院須知，發放藥品進行對症和支持治療；同時，為患者佩戴上新型無線體溫計，實施不間斷體溫監護……工作有條不紊，動作乾淨利落，毫無緊張與恐懼。

開診後的第七天下午，塞方埃博拉疫情指揮中心突然打來電話：有十二名疑似病人將於一小時後轉運到留觀中心，請作好收治準備！一次性接診這麼多的患者，當時的值班醫護人員只有牟勁松、李因茵、張悅三人，壓力可想而知。聞訊後，隊長李進帶領閆濤、王冶等醫護人員迅速趕赴醫院支援。

▲ 解放軍援塞醫療隊醫護人員與救護車司機交接轉運患者

　　接診工作從下午五點開始。經過一番「全副武裝」，陳素紅第一個衝進病房。令人揪心的一幕赫然出現在她眼前：兩名重症患者一入院就癱倒在病床，血液、嘔吐物和排泄物噴濺了一地，散發出一股惡臭。雖然醫護人員進行了全力救護，病人仍因病情太重不治身亡。一撥人抓緊清理現場，另一撥人爭分奪秒地收治其他患者。等把患者全部安頓好時，醫護人員密不透氣的防護服裡早已被汗水浸透，雙腿也像灌了鉛似的。

與大愛同行

「她笑了，牙好白的，很可愛！」

十二月十四日，在利比里亞首都蒙羅維亞 SKD 體育場，中國軍隊援利醫療隊總護士長游建平在醫療隊微信群發佈了一條消息。微信群隨即活躍起來。

「小女孩很乖，眼睛清澈漂亮。希望她能快快好起來，別再發燒啦！」

「今天還發燒，等明天抽血複檢。」

「看著她就想起女兒，差不多大小。」

「游護士長給她準備了畫筆和紙，祝福小姑娘！」

隊員們紛紛加入討論，表達關懷之情，給她送上祝福。

她叫奧古斯塔，是一名八歲的利比里亞女孩。

十一日上午，奧古斯塔在家裡突發高燒，並伴有嘔吐和腹瀉的症狀。她被父親帶到中國埃博拉診療中心（ETU）時，體溫已達到三十八點五度。經詢問得知，小女孩的母親因感染埃博拉病毒，已於十天前去世。小女孩被收治到診療中心留觀病房，隔離觀察治療。

奧古斯塔身體瘦弱，無力地躺在病床上，大大的眼睛充滿悲傷和無助。一個剛剛失去母親的八歲女孩，心裡一定十分悲痛，自己又疑似感染埃博拉病毒，被病痛折磨，一陣陣酸澀和疼愛在隊員們心中升騰。

收治小奧古斯塔的消息在援利醫療隊隊員之中迅速傳開，大家都很關注她的遭遇和處境。

醫療隊在當天下午組織了抽血送檢。第二天，檢測結果出來了，陰性！大家都替奧古斯塔感到高興。但還需要連續三次檢測陰性，相應症狀

解除，才能排除感染埃博拉。

然而，小女孩的病情不斷反覆，時而體溫正常，時而發高燒，讓大家揪起的心難以放下。隊員們利用查房等機會，給她送來餅乾、巧克力、糖果、玩具熊、兒童圖冊等，並不時利用診療中心監控對講系統跟她聊天，幫助她排解孤獨與寂寞，忘記傷痛和對父母的思念。隊員們想盡一切辦法，讓她在清冷的病房和陌生的環境中不那麼緊張和害怕，能感到溫暖。

小奧古斯塔慢慢活躍起來。病情稍好時，她會擺弄隊員們送給她的玩具和小食品，好奇地研究病房的呼叫器；有時，又把椅子搬到走廊，坐在上面靜靜地休息。

這天，醫療隊總護士長游建平又來到病房，給小奧古斯塔帶來了彩色畫筆、畫冊等，並拿來了兒童笑臉貼，讓她挑選。游護士長陪她一起玩耍、遊戲，逗她開心，像媽媽，又像姐姐。最終，童話故事《白雪公主》中「魔鏡、魔鏡，誰最漂亮」的情景遊戲，逗樂了小奧古斯塔，讓她露出了微笑。隊員們也第一次見到了她燦爛的笑容。

第四章

亦師亦友

「軍事學碩士學位證書已經收到，感謝學院的領導、教員和翻譯們，我愛中國軍校……」一封封滿載誠摯謝意的郵件來自剛剛畢業於中國人民解放軍國防大學防務學院的外國高級軍官學員們。

二〇一四年夏天，中國人民解放軍國防大學防務學院首次授予六十一名外軍學員軍事碩士學位。這標誌著中國軍隊對外培訓向國際軍事職業教育邁進了一大步，是中國軍隊對外培訓更加國際化和開放的一個重大動作。

一九五六年，幾位越南軍官跋山涉水來到中國北京，學習中國軍隊的戰爭和訓練經驗，揭開了中華人民共和國對外軍事培訓的序幕。寒來暑往，從初創時期為亞非拉國家培養民族獨立與解放運動的游擊戰士，到改革開放後為周邊友好國家培養建軍治軍的各類軍事人才，直至新世紀面向世界各國的軍事職業教育和軍事交流，中國對外軍事培訓的對象、內容和模式隨著時代發展發生了重大變化，但宗旨始終未變：讓世界更多地了解中國和中國軍隊，為受訓國軍隊培養高素質軍事人才，與更多國家的軍隊加強軍事和專業技術交流。

中國的大思想家孔子曾云：「有朋自遠方來，不亦樂乎？」

英國哲學家赫伯特·斯賓塞說：「愉快的協調一致和最神聖的和平，確實能培養美德，促進友誼的發展。」

在中外軍人培訓交流、思想碰撞和相互學習的過程中，有著許多感人的故事、美麗的瞬間和發自肺腑的感言……它們共同見證著和平時代中外軍人之間的偉大友誼。

長城腳下的「最高學府」

「在推動國家軍隊建設和改革之前，我決定再次回到中國，回到闊別已久的母校，重新做一個虛心學習的學生。然後，把學到的知識應用到莫桑比克國防軍發展和建設中去。」

一個國家的總參謀長能夠放下手中的工作，到另一個國家去學習一個月，遍觀世界各國軍界，這絕對是一件非同尋常的事情。做出這個非常之舉的人，是莫桑比克國防軍前總參謀長馬卡林格上將。三十年前他曾經來到中國留學，三十年後他決定再次回到自己的母校——中國人民解放軍國防大學。

思想碰撞的平臺

「我提一個可能不太專業但又特別困惑我的問題：一些南海島嶼離中國那麼遠，離周邊國家那麼近，為什麼是中國的領土？」一位非洲陸軍軍官向中國著名的海洋專家、海軍少將尹卓拋出了這個尖銳的問題。

雖然有些海軍學員對他的提問不無唏噓，甚至發出了笑聲，尹卓少將還是耐心地解釋道，「在島嶼主權歸屬問題上，國際法有多個原則適用，如歷史性水域、大陸架延伸、禁止反言等。」

「現在的問題是，哪條國際法原則更為適用。依據不同的原則，島嶼的歸屬就會不同。例如在希土島嶼爭端中，雙方根據不同的法理依據都認為該島屬於本國。但一般而言，最先發現、命名、開發、管轄是最主要的依據。我們有充分證據表明，南海諸島是由中國首先發現、命名、開發利

▲ 中德高級軍官安全政策研討班

用並有效管轄的,這可以追溯到中國的漢朝。」尹卓少將補充道。

一位孟加拉海軍上校馬上舉例說,「距離遠近不是判斷島嶼歸屬的依據。聖皮埃爾和密克隆群島距離加拿大紐芬蘭島僅二十五公里,但卻是法國的海外領土。」

這一幕發生在「中國面臨的海洋權益爭端」研討會上。類似這樣充滿「火藥味」的研討會或者論壇在中國人民解放軍國防大學的校園裡可謂屢見不鮮。

位於北京昌平長城腳下的中國人民解放軍國防大學防務學院,是中國軍隊對外培訓的最高學府。每年有來自世界五大洲一百多個國家的近五百名高級軍官和政府防務官員前來這裡學習交流,其中既有發展中國家學員,也有發達國家學員。截至二○一五年,共有來自一五七個國家的五千

多名學員在這裡學習交流過。這些畢業學員中，有多位國家領導人和三百多位三軍司令、總長、國防大臣等政界軍界要員。

防務學院是不同意識形態、不同價值觀念、不同宗教信仰的匯聚地。學院近年來在課程中逐漸加強互動研討的比重，努力營造一種坦誠交流、激烈論辯和經驗共享的學術氛圍。針對熱點問題展開討論，已經成為國防大學防務學院教學活動的主體。

在這裡，國際化的培訓體系讓學員有機會深入研究國家安全戰略問題，為其職業發展奠定良好的能力素質基礎。在這裡，開放寬鬆的學術氛圍讓學員有機會坦誠交流、充分質疑，在思想碰撞和激烈辯論中提升創造性解決問題的能力。在這裡，富有中國特色的教學活動讓學員有機會揭開

▲ 塞內加爾學員在課堂上發言

中國的「神祕」面紗，了解這個崛起中東方大國的內政外交和國防軍隊建設。在這裡，中方人員以其熱情友好、真誠相待感染著不同膚色、不同國家的學員。

「對學員有益、對受訓國有用」

陳梓德教授很得意辦公室裡的那張地圖。

地圖上虛擬設置的五個國家都面臨著各自的問題：外來經濟衝擊、失業、抗議民眾、分裂勢力、恐怖分子、國境糾紛……種種問題交織，像顯示器上肆意蹦躂的亂碼，但謝天謝地大環境還算安寧。突然，一場不期而至的地震攪亂了一切！外軍學員們正按英、法、俄、西（西班牙）語種分成四組討論，各組將拿出一個解決方案到大討論會上與其他組的方案比試。

課題讓每個學員都緊張。餘震不斷，大量災民湧現，有的人員正在組織遊行抗議，甚至還有一些分裂分子在四處活動。四組學員開始了激烈辯論，陳梓德教授則穩坐講台，表情相當淡定。

最終，四組方案上交。仔細批閱後，某小組的方案最令陳教授滿意，因為它不僅考慮到了國內駐軍的兵員調動情況，受災地區地方政府怎麼發揮帶頭作用，還兼顧了一些細節，比如怎樣組織救災志願者、怎麼區分分裂分子和受惑群眾。最可貴的是，救災行動伊始的每一項工作，都找到了相關法律作為依據。陳教授感慨道：「這就是教學相長吧。在課堂上，他們能學到中國的經驗，我們也能了解他們的思維方式，而且很多地方確實值得我們借鑑參考。」

像陳教授這樣針對國際熱點問題擬制的新課題，一經推出就受到學員

的歡迎。學員們來中國，就是想學到有用的知識以便能幫助自己的國家。課題裡設置的所有問題，都是當下他們需要去處理去解決的。

「對學員有益、對受訓國有用」一直是防務學院的教學宗旨。隨著培訓規模、受訓國數量的增長，學員需求日益多元。為此，學院不斷調整課程設置，為不同班次、不同對象制定了有所區別的課程體系。其中，防務與戰略研究班屬於高級軍事培訓，是該院的主流班次。該班教學以國家安全戰略為核心，內容涉及國際安全、國家安全、戰略領導與戰略管理、軍事思想、軍事戰略、軍事力量運用等領域，目的是引導學員從國家安全戰略層次思考軍事問題、運用軍事力量，提升他們的戰略管理和戰略領導能力。在教學實施過程中，根據不同班次特點，適當調整各模塊的教學內容和時間分配，並增設選修課，以優化教學效果、促進學員個性化學習。

來自蘇丹的奧斯曼少將在回國後寫給防務學院的信中感慨地說，「我運用在母校學到的知識與經驗……最終促成達爾富爾地方政府與叛軍通過談判解決爭端……」

百聞不如一見

國際關係問題專家徐輝大校曾經遇到一件怪事。一名來參加國際問題交流班的新西蘭學員，被聯絡官從機場接到學院後，整天待在宿舍不出來。三天後，他小心翼翼地問徐輝大校：「我能不能在學院裡轉一轉？」徐輝大校曾與世界各國軍政官員、專家學者、新聞記者進行過無數次激烈「交鋒」，回答過各種挑戰性問題，但新西蘭軍官的意外「難題」，真是讓他哭笑不得。「你不僅可以在學院裡四處轉轉，還可以到昌平、到北京、到中國各地去轉轉！」

對於多數外國人、外國軍官而言，中國最初的印象都是「神祕」的。初來乍到，很多學員都具有這種矛盾心理：一方面想更多地了解這個東方大國，近距離接觸中國軍隊；另一方面，由於缺乏對中國的了解，總以為中國還不夠自由，不夠開放，做事格外小心謹慎，擔心自己的冒失會違反紀律，破壞兩國兩軍關係。

　　在每年的入學調查中，表示想了解中國文化和中國國情的外軍學員及其家屬占了極高的比例。中國有句俗語，「百聞不如一見」。為了幫助外國學員了解真正的中國，參觀見學成為國防大學防務學院的重要特色課程。

▲ 走出校園實地參觀

為了讓外軍學員更深入地了解中國的國防和軍隊建設情況，防務學院組織他們參觀解放軍部隊和軍隊院校研究所，走訪軍內外相關學術科研機構，觀摩實兵實彈演習。同時，外軍學員和中方學員還會進行角色模擬訓練，以不同國別的高級指揮員身分處理世界危機事務，做到同堂聽課、同室演練、同台競技。

在防務學院學習研討期間，外軍學員還可以到中國不同地區考察，以期進一步了解中國的內政外交政策、經濟社會發展、民族風土人情、歷史文化傳統。防務學院在全國十八個省（直轄市）建立了實踐性教學基地，其中既有歷史名城、文化古都，又有新興城市、大型企業，還有欠發達地區和貧困村鎮，就是為了讓學員們有機會領略一個真實的、多面的中國。

在與中國普通工人、農民、官兵面對面的交流中，很多學員對於中國的認識發生了潛移默化的變化。

來自貝寧的馬利說，中國有著充分的學術與言論自由，軍地學者、專家並不是機械地重複政府文件，都有著自己獨到的見解與分析，「這完全顛覆了我們以前對中國的看法」。

來自阿塞拜疆的學員阿薩多夫在論文中這樣寫道：「我在中國學到了太多東西。學院設置的參觀見學課程，讓我看到了古老神祕而又現代的中國，了解了中國的改革開放政策和國防政策，有許多地方都值得我們國家學習。」

▌「大疫」當前顯「大義」

二〇一四年九月二十四日，一紙源於國防部外事辦公室的通知書下達到了南京陸軍指揮學院：九月二十八日夜將有來自幾內亞、塞拉利昂、尼日利亞的二十名外軍學員來院進行集中「醫學觀察」。這二十名學員中僅有七人將在南京陸軍指揮學院學習，其餘十三人將在「醫學觀察」結束後前往華東地區的其他八所院校學習深造。

接到任務的那一刻，院領導的心為之一震：南京陸軍指揮學院從來沒有擔負過「醫學觀察」任務，更何況還是面對知之甚少的埃博拉病毒！

養兵千日，用兵一時

中國人民解放軍承擔外軍培訓任務的各所院校開學之際，一如既往地迎來了來自世界各地的朋友們。根據世界衛生組織和中國衛生部的要求，對來自埃博拉疫區的學員必須進行為期二十一天的「醫學觀察」。

任務當前，作為軍人，沒有拒絕的理由，只有履行的義務。更何況，以中國人民解放軍醫療專家為主體的醫療隊員們，正在非洲埃博拉最嚴重的疫區努力奮戰著。作為他們的戰友，處於大後方的中國軍隊院校，更不能在此時「掉鏈子」。為了非洲軍人來華學習的熱切期盼，更為了中國與非洲的傳統友誼，儘管沒有現成的經驗可循，也必須摸著石頭過河，而且必須安全穩定地過好河。

南京陸軍指揮學院是隸屬於解放軍總參謀部的一所中級陸軍指揮院校。一九五七年，學院開始接收友好國家的武裝組織人員前來受訓，此後

逐步開展對外軍事培訓工作，並成立了專門的外訓系。二〇〇六年，南京陸軍指揮學院外訓系改稱國際軍事教育交流中心，成為中國最完備的軍事外訓基地之一。

以第三世界國家為主的大批各國軍官來到這裡學習中國的軍事謀略和軍事思想，先後有一百多個國家的四千多名中高級軍官和文職官員從這裡畢業回國。其中尤以非洲軍官居多，南京陸軍指揮學院因此被中外軍官暱稱為「非洲軍官之家」。這也是總部把這項不同尋常的任務交給南京陸軍指揮學院的主要原因。

值得慶幸的是，南京陸軍指揮學院國際軍事教育交流中心擁有近六十年的對外培訓歷史，外軍學員的管理保障自成體系，靈活高效。從受領任務到學員到達雖然只有短短的四天時間，學院首長和機關領導親自上陣，不放過任何一個細節。從「醫學觀察」地點的選擇到體育設施的配備，從網絡與電視的安裝到學員手機的購置，從學員宿舍的衛生到洗漱用品的擺放，凡所應有無所不有。為了給隔離區的每一個房間安裝好電視、電話和電腦網絡，四天裡，電教工作人員每天只睡三四個小時；為了讓初來乍到的學員感受到家一般的溫暖，服務保障人員從床單被套到內衣內褲，無一不準備妥當；為了做好隔離區的各項工作，國際軍事教育交流中心的俞金波副主任幾乎沒有回過家；為了保障好隔離區內的伙食，食堂工作人員提前做好個性化菜單……

當一切準備就緒，更為艱巨的任務擺在了眼前：誰進入「醫學觀察」區工作，就意味著將拿自己的生命去冒險，意味著當前平靜而安寧的家庭生活可能會在瞬間結束，意味著所有的一切可能會因為突如其來的死亡威脅而改變。

「滄海橫流方顯英雄本色。」邱健上校第一個站了出來，緊接著中心的翻譯、醫生、職工都紛紛遞交請願書，爭相參加此次任務。邱健對中心領導這樣說道：「說實話，面對這個任務，我心裡也是沒底的。但是，無論是作為男人還是作為軍人，都不應該退縮。養兵千日，用兵一時。就讓我去執行這個任務吧！」

「觀察區」裡的溫馨故事

九月二十九日凌晨五點，一輛載著外軍學員的大客車緩緩駛入南京陸軍指揮學院。入住「醫學觀察」區的第二天，就發生了一件意想不到的事情。一名外軍學員在擰玻璃杯蓋時，不慎將杯子擰碎，手上劃開一道一寸多長的口子，皮開肉綻，鮮血直流。請示領導之後，楊曉江醫生和邱健開始在最簡陋的條件下對學員手指實施外科縫合術。所有人都知道埃博拉是怎麼傳染的。然而，當時鮮血遍地，楊醫生和邱健甚至都沒來得及對自身做好完全的防護，就在不那麼明亮的燈光下開始了清創縫合。打麻藥時，由於學員的皮膚太緊，針頭拔出來的一瞬間，藥液也從皮膚中飛濺出來，險些飛到他們臉上。由於不具備手術室的光線，邱健不僅需要一直舉著一隻手電筒加強光線效果，還要一邊跟學員解釋。整個過程，兩人幾乎是趴在傷口上作業，如果這名學員是病毒攜帶者，那他倆肯定會被感染。然而，正如戰士在沒有進入戰爭時會非常害怕戰爭，但當他真正置身於戰場時反而就不會害怕了，在可能會被感染的危險面前，兩位中國軍人已經完全將生死置之度外了。

在學員的宿舍裡，每個人都聚精會神地盯著自己的電腦屏幕，一場別開生面的《中國國情軍情》網絡授課正如火如荼地進行著。學員認真傾

聽，並不時通過麥克風對網絡授課教員進行提問，互動頻繁，氣氛熱烈。
為了「醫學觀察」期間不耽誤學員們的正常學業，學院將正在進行的《中
國國情軍情》課程通過網絡實現同步授課。每天邱健還會按照預定的教學
計劃，利用網上自學平臺組織學員學習《漢語學習》和《計算機基礎》等
公共課程和專業課程。

　　「中國功夫太棒了！」這是「醫學觀察」區學員學完太極拳之後發出
的由衷感慨。學習中國武術一直是很多外軍學員的嚮往。為了豐富學員們
的生活，更為了幫助他們強身健體，邱健將自己在業餘時間學習的太極拳
用到了極致。十月的南京，秋高氣爽。天氣晴朗的下午，他就會在樓前的

▲ 愉快的生活

小廣場上帶領外軍學員們學習太極拳。一招一式，舉手投足間，盡顯中華武術以柔克剛、靈活機動的特性。

日子就在這樣的充實中漸漸溜走。經歷了剛入住的混亂，經歷了縫針的忐忑，經歷了學習的忙碌，一切似乎都步入正軌，一切似乎都那麼平靜。然而，在緊張而又忙碌的「醫學觀察」進行了十天之後，細心的邱健發現，一向活躍的幾內亞學員桑加爾少校情緒有些異常，那幾天突然變得鬱鬱寡歡，沉默起來。邱健不知道是哪兒出了問題，更害怕這樣的情緒會感染其他人。畢竟在那個相對封閉的空間裡，情緒很容易受到他人影響。於是，邱健開始試著有事兒沒事兒找桑加爾聊天，問問他在學習上有什麼困難，生活上有什麼需求。望著邱健關切的眼神，桑加爾終於道出了實情。原來，他的小女兒生病了，急需做手術，而他身在中國無法陪伴女

▲ 醫學觀察圓滿結束

兒。再加上手術費用至今沒有著落，因此心情沮喪。

邱健在了解情況後立即將此事報告中心領導，同時建議為該學員提供資助，幫他渡過難關。國際軍事教育交流中心的領導一邊讓邱健安撫好學員的情緒，一邊組織中心全體人員為桑加爾捐款。大家紛紛慷慨解囊，為未曾謀面的學員和他的女兒獻出一份愛心。僅一個上午，就籌得善款二八六〇元。感到意外的桑加爾少校流下了熱淚：「真沒想到，在中國南京，這麼多尚未謀面的中國朋友們給了我如此之大的幫助！」幾天之後，桑加爾告訴邱健，女兒的手術如期進行，一切順利。

二十一天，於歷史只是短暫的一瞬，於人生卻可能成為永恆。面對埃博拉這樣的重大疫情，南京陸軍指揮學院的中國軍人與非洲軍人共同見證了人道主義的光輝。它無關種族，無關信仰，是對生命的尊重。

▍碰撞出來的火花

　　二〇一二年一個悶熱的夏日，北京西北郊，空軍戰役訓練中心。這個坐落於中國人民解放軍空軍指揮學院內的淺色建築，是中國空軍指揮人才的重要訓練基地之一：它不僅有多個模擬戰術指揮所，還可以進行戰役級對抗。

　　沙特空軍中校阿布杜拉齊茲有點鬱悶。在下午的戰術指揮演習中，由他擔任指揮官的英語小組未能戰勝以中亞國家軍人為主的俄語小組。

　　本來作為「奇招」，阿布杜拉齊茲指揮的紅軍在對方空域設置了一個

▲ 中外軍官混合編組對抗

「掃蕩區」。沒想到，開戰後對方並沒有遵守「防禦-反擊」的藍軍慣例，首先派出戰機從戰區東部越過「國境」，進行了超大範圍的迂迴。

阿布杜拉齊茲指揮紅軍戰機進行攔截，幾乎在每一場攔截對抗中都能擊落對方戰機。繼而，紅軍從戰區西部越境，攻擊敵方的地面目標。雖然紅軍擊落了十八架「敵機」，對地面目標實現了百分之七十五以上的戰損，但不少戰術意圖未能實現。

最終結果還需要計算機運算後顯示。當心有不甘的阿布杜拉齊茲中校夾在兩組學員當中返回觀摩大廳時，迎接他們的是各國學員們熱烈的掌聲和口哨聲。

阿布杜拉齊茲中校不由得咧嘴笑了，原來的鬱悶一掃而光。

「了解另一種不同的軍事力量」

阿布杜拉齊茲右臂上的臂章顯示，他的飛行時間超過一千五百小時。這相當於一架蘇二十七戰機發動機的壽命週期。這位三十九歲的阿拉伯軍官最為自豪的經歷，就是在二〇一〇年沙特對也門叛軍的戰鬥中出動了二十五個架次。作為英式「狂風」戰機的小隊長，他當時主要執行近距離對地支援任務。

作為晉陞前的重要環節，阿布杜拉齊茲二〇一一年夏天到空軍指揮學院外訓系學習。按照沙特軍隊慣例，升職前要經過選拔，須有上司推薦報告以及培訓經歷。回國後阿布杜拉齊茲將有機會擔任飛行中隊長或副隊長。沙特的飛行中隊有近三十架飛機、一百多名飛行員，因此中隊長在沙特空軍中是一個重要職位。

阿布杜拉齊茲對自己的職業前景很自信，他說：「我曾經去過美國等

西方國家,但在中國的學習經歷會為我加分。」

　　同樣來自海灣地區的阿聯酋空軍中校尤瑟夫曾經是一名法式「幻影」
戰機飛行員,後在阿聯酋高等空軍院校任職。他在九十進二十的選拔中勝
出,獲得到中國培訓的機會。之前,他都是在德國、土耳其、加拿大等北
約國家學習。

　　「去美國、英國學習當然能夠學到最先進的東西,但到中國來仍然大

▲ 聯合訓練交流

有收穫。這能讓我了解另一種不同的軍事力量，它正在崛起並且已經具備實力。」尤瑟夫這樣解釋他來到中國空軍指揮學院學習的動機。

成立於一九五八年的空軍指揮學院（原名空軍學院）坐落於北京西郊著名的頤和園昆明湖畔，是一所培養空軍師團職指揮軍官的中級指揮院校，是中國空軍培養指揮軍官的最高學府。

空軍指揮學院的對外培訓始於二十世紀六〇年代，曾中斷過數年。一九九九年底，根據中央軍委要求，空軍指揮學院重建外訓系。二〇〇一年三月，第一批四個國家的十名學員來到空軍指揮學院。從那時起到二〇一二年底，共有七十多個國家近八百名中高級軍官在這裡接受過培訓，其中四十多人後來佩上了將星。

在亞洲，除了日本、韓國和印度外，大多數國家都曾派學員到這裡接受培訓。現在外訓學員所在國家中，有不少在裝備上完全依靠美國等西方國家，像阿布杜拉齊茲、尤瑟夫這樣來自海灣國家以及拉美國家的學員越來越多了。

對這些外國軍人而言，中國陸軍的光榮戰史更為有名；而對於講究先進性和技術含量的空軍，解放軍似乎不占優勢。他們帶著陌生感而來，卻沒有抱著失望而去。

雖然到美國學習可以了解最先進的軍事知識，但是沒有幾個國家在裝備水平上能與之比肩。與美軍先進的「四代機」及其戰略相比，「三代機」的使用乃至研發讓這些學員更感興趣，因為那是更為實用有效的共同話題。

來自海灣地區的阿拉伯學員還發現，中國空軍的理論和科研與國際趨勢基本是同步的。空軍指揮學院教員講授的東西，與他們之前在歐美國家

所學的體系差別並不明顯。「當然，還是有些差別，畢竟來自兩個軍事體系，但基礎是一樣的。」

而且還有「提前量」。比如空天一體作戰這一前沿課題，讓幾乎所有學員都非常感興趣。

「目前中國空軍的專業技能和技術，足以贏得尊敬。」阿布杜拉齊茲這樣評價說。

「這對我非常重要」

當阿布杜拉齊茲和其他學員接到通知──對抗作業將在空軍戰役訓練中心的模擬指揮所進行時，所有學員都有些吃驚。它是一個國家空軍最核心的地方，外訓學員之前連參觀其他國家空軍指揮所的機會都難得，更不要說進去進行對抗作業了。

「在這種模擬指揮所中用模擬系統進行對抗作業，對我非常重要！」阿布杜拉齊茲說。

空軍指揮學院從二〇〇九年三月開始，率先採取「中外合訓、混編合訓」的方式，也就是外訓學員在為期半年或一年的學習中，全程與中國學員同吃、同住、同訓練、同學習。其中的一個重要舉措就是，向外軍學員開放位於空軍戰役訓練中心的模擬指揮所。

開始合訓時，中方學員對於這些外國同學的活躍思維感到有些吃驚，「教員在上面講課，一段話還沒說完就有人站起來提問！」「而且經常會一個問題接著一個問題問，不得到滿意答案絕對不肯放棄。」這讓他們感到有些突然。慢慢地，他們也接受了這種聽課方式，不懂的問題當場就問。發展到後來，經常是外國學員提出了問題，教員還沒來得及開口，就

▲ 模擬練習

已經有中國學員躍躍欲試地想要回答了。中外學員的專門研討範圍比較廣泛，有「南海問題對策研究」「反恐反分裂作戰中的空中力量使用」，也有「近距離航空火力支援」「三代機戰法研究」，等等。

在以多語種模擬訓練系統為平臺的聯合作業演習中，中外學員混編為六個作戰小組，展開了為期一個多月的紅藍雙方「背靠背」分組演練。從熟悉想定、標定地圖到分析情況、制訂計劃，直至最後的上機模擬推演，這個戰場沒有硝煙，但火藥味依然十足。在這一個多月裡，區分「敵」「友」的標準只有一個——那就是每個人身上的分組標牌是紅還是藍。如果分組不同，親兄弟也能反目成「仇」。相反，同一個「戰壕」裡的戰友們則越發親密無間，國籍、語言、經歷⋯⋯這些都早已不是溝通的障礙。

即便是教員起初最擔心的語言問題，也沒有成為他們合作的屏障。

最「熱鬧」的是紅 A 小組，這裡不僅有來自巴基斯坦、新加坡等以英語為官方語言的國家的學員，也有一些慣用西班牙語、阿拉伯語的學員，還有朝鮮學員、中國學員。別看語言種類繁多，大家溝通討論起來卻沒什麼問題。經過一年的學習，朝鮮學員已經能用一些基本的漢語表達個人想法，用他們自己的話說，是「夠用了」。中國學員把漢語翻譯成英語時，新加坡學員不時在旁邊幫幫忙，墨西哥學員再把英語翻譯成西班牙語說給其他學員。他們自己調侃道，「我們紅 A 組開個會，檔次絕對不比聯合國差。」本來專門指派的翻譯也成了「閒人」，他笑稱：「這樣下去我就要失業了！」

二〇〇九年十二月，在空軍指揮學院學習的外軍飛行員與中國學員進行了模擬空戰和戰法研討。這是中國學員第一次和外方飛行員進行空戰模擬對抗，此前他們對外國飛行員戰術訓練的了解全部來自資料和書本。

空軍指揮學院院長馬健少將總結說：「就是要充分利用中外學員資源，實現雙贏。」

▎授人以漁

　　二〇一一年十月，中國人民解放軍工程兵學院迎來了一批特別的客人——來自南蘇丹、蘇丹兩個國家共二十名接受掃雷培訓的學員。

　　掃雷排爆在軍事上屬於工程兵的職能範疇，相關培訓任務很自然地落到了像中國人民解放軍工程兵學院這樣的軍事教學單位肩上。這所坐落在徐州的軍事學院，是中國培養工程兵指揮人才的最高學府。

　　蘇丹曾是非洲國土面積最大的國家。二〇一一年七月九日，蘇丹南部獨立，成立南蘇丹共和國。由此，這個常年戰亂的國家一分為二。這一地區雷患嚴重，據估計受地雷或其他戰爭遺留爆炸物影響的地區可能占兩國領土總和的百分之三十。蘇丹學員的領隊阿拉沙夫・穆罕默德這樣描述蘇丹面臨的雷患困擾：「蘇丹有很多地雷。因為戰爭的需要，有的時候蘇丹自己也會布設一些地雷。有些地雷被埋藏的時間比較久，由於地表、洪水等原因，地雷的位置已經發生了變化，使得探雷排雷很困難。」

責任——「請先生們認真觀摩」

　　第一次與蘇丹學員座談，情況令在場的夏長富副教授犯了愁：這些蘇丹學員中不僅有二十歲的年輕軍官，還有年近六十歲的士兵，有的上過大學，有的只上過中學，只有少數人能用英語進行交流。他們經歷過內戰，大部分人都有實際掃雷經驗，但掃雷方法都是「野路子」「土辦法」，與國際人道主義掃雷作業標準有較大差距。

　　人道主義掃雷在很多方面都要難於一般戰時掃雷：戰時掃雷就是保證

部隊能夠順利地通過雷場，突破敵人的前沿；戰後掃雷是為了釋放這塊土地，交還給當地的政府或老百姓去耕種、恢復生產。目的不同，要求就不一樣。戰時掃雷要求掃雷率達到百分之八十就可以，戰後掃雷必須要確保這個區域不留任何爆炸物，要達到百分之百，所以使用的方法、器材也不一樣。

面對這群年齡、學歷差距大，語言溝通難的外軍學員，要想讓他們聽懂、學懂、學好，困難很大，更別說在短短四十五天時間裡全面掌握人道主義掃雷的知識和技能。教學組推倒了原有的教學實施計劃，根據學員的實際情況，大幅縮減課堂基礎理論知識，增加野外作業示範觀摩和實裝操作時間。為了規範方法和統一動作，教員們親自示範，手把手教學員練習，嚴格按照國際人道主義掃雷作業標準程序要求，反反覆覆練習每一個動作，做到逐一過關。

▲ 冒雨開展訓練

一次在練習局部挖掘作業時，按照標準作業程序，作業手應雙膝跪在可疑區域前仔細逐點挖掘。適逢雨後初晴，作業場土壤有些潮濕，學員們大多不情願跪在地上練習，開始隨意起來，有的蹲在地上，有的單腿跪在地上，形態各異。

　　夏教員看在眼裡，急在心裡。他迅速在作業通道前召集學員，語重心長地說：「先生們，局部挖掘是非常危險的作業環節，稍有不慎，便會觸發地雷。必須嚴格按照要求進行作業，才能最大限度地保證安全，否則，可能付出生命的代價。下面我再給大家演示一遍，請先生們認真觀摩。」

　　說罷，夏教員雙膝跪在潮濕的地面上，按照局部挖掘動作要領，邊講邊示範，一點點開始挖掘。過了一會，一個標準的挖掘作業面呈現在學員

▲ 示範動作要領

面前。

在夏長富副教授一絲不苟的示範下，蘇丹學員再次分組練習時，開始嚴格按照挖掘作業標準程序進行練習，很快掌握了挖掘的動作要領。

尊重——「謝謝你們的理解關心」

來華培訓的二十名蘇丹學員信仰伊斯蘭教，全部是虔誠的穆斯林。開班前，教員們從圖書館找來各類書籍學習伊斯蘭教習俗，部分教員甚至能用簡單阿拉伯語詞句與學員們交流。蘇丹學員抵達學院時，伊斯蘭教齋月還未結束，穆斯林從日出到日落停止一切飲食。學員由於白天無法進食，到了下午已是飢腸轆轆，精力很難集中。為了提高學習效率，教學組靈活調整授課內容，把實踐課盡量安排在早上，下午則主要在室內進行地雷信息系統教學、分組研討、觀看視頻，幫助學員消化教學內容，授課速度也有所放緩。

一次課上，五十多歲的艾哈邁德出現了嚴重低血糖症狀。高延鋒教員立即停止上課，在旁待命的常安民醫生對其進行了緊急搶救，虛弱的艾哈邁德漸漸恢復過來。此後，高延鋒教員「特批」艾哈邁德每天先去門診部注射營養液恢復身體，然後再來上課，耽誤的課程由教員「開小灶」補上。

用清水清洗手腳，在日落前面朝聖城麥加禱告，是蘇丹學員每天必做的事情。在野外教學找不到潔淨的水源，學員只能用隨身攜帶的飲用水清洗手腳，而自己忍著口渴。看到這一幕，高延鋒教員記在心裡，特意向機關請領了一個大塑料桶，每天下午盛滿清水帶到野外訓練場。看到盛滿清水的塑料桶，學員們非常高興，歡呼擁抱在一起。

在結業座談會上，學員莫迪回憶起塑料桶這件事，眼裡閃出淚光，動情地說：「這不起眼的塑料桶飽含著中國教員對我們穆斯林學員的關心。謝謝你們對我們的理解和尊重！」

　　從十月初至十一月十八日結業，這批來自南蘇丹、蘇丹的學員在中方教員的系統訓練下，已經能夠熟練地掌握人道主義掃雷的基本知識、基本技能。南蘇丹領隊約翰‧阿楊在結業典禮上把中國政府提供的這次培訓機會形容為「重要而代價高昂」。「說它重要，是因為它讓我們在這裡學到了技能，學到了能夠使無辜平民的生命和自由免受地雷殘害的技能。說它代價高昂，是因為此次培訓從開學到今天的結業典禮，耗費了大量資金。感謝你們，感謝中國。」

▲ 學員與教譯員合影

鍛造坦桑尼亞特戰連

二〇〇七年初，非洲科摩羅國內發生武裝叛亂，反政府武裝占領並控制了昂儒昂島。事件發生後，非洲聯盟（非盟）、阿拉伯國家聯盟等國際組織多次出面調解，但都以失敗告終。

應科摩羅聯邦政府邀請並經非盟授權，鄰國坦桑尼亞特戰連出動了。八月二十五日黎明，坦桑尼亞特戰連從旁邊的莫埃利島發起進攻，迅速控制了昂儒昂島首府穆察穆杜，攻占了由叛軍占據的總統府，迫使反政府武裝無條件投降。一場戰鬥，竟以出人意料的速度完美結束。

戰後，科摩羅參謀長在莫埃利島自信地對記者說：「昂儒昂島已經完全由政府軍控制。到目前為止，我們沒有出現任何傷亡，叛軍首領都已逃跑。」

本次事件在非盟引起強烈反響，各國紛紛把目光聚焦到這支神祕部隊身上。謎底很快揭開：不久，坦桑尼亞專門致電中國外交部門，對石家莊機械化步兵學院培訓該國特戰連給予了高度評價，並希望能夠持續為其培訓作戰人才。

▲ 奪回昂儒昂島

石家莊機械化步兵學院是中國軍隊較早對外開放的院校，也是對外培訓數量和規模

比較大的一所院校。多年來，學院為一百多個國家培養了三千多名軍事留學生，稱得上是「桃李滿天下」。這些留學生逐漸成為各國軍隊建設的有生力量，成為傳遞中外友誼的骨幹力量。

石家莊機械化步兵學院自一九九五年承辦外訓以來，先後為坦桑尼亞培訓軍事留學生五十五人。其中，特種作戰專業二十人，特種警衛專業十一人，輕便砲兵專業二十一人，機械化步兵指揮專業一人，狙擊手課程一人，憲兵軍官基礎課程一人。他們回國後表現優異，相繼受到重用。

坦桑尼亞本國軍事培訓體系和基礎設施相對落後，部隊官兵軍事素養相對較低。擁有一支特戰尖刀，是坦方多年來渴求的目標。

為了適應國際、國內反恐鬥爭形勢和特種作戰的需要，應坦方請求，中國國防部外事辦公室和坦桑尼亞人民國防軍作訓部雙方經磋商確定，二〇〇五年由中方為坦軍援建一個特種作戰連，編制九十五人，裝備、器材、訓練均由中方負責。目標是當年援建、當年形成戰鬥力。

訓練分兩步進行：第一步由坦方選派特種作戰連骨幹人員二十人到石家莊機械化步兵學院進行 93 式 60 迫擊炮射擊、軍事地形學、觀測器材使用、通信器材使用等科目的訓練，時間為兩個半月；第二步由石家莊機械化步兵學院特種作戰教研室主任劉炳路帶隊，赴坦桑尼亞對其特戰連進行為期八個月的成建制培訓，主要進行特種作戰專業技能、特種作戰戰術、反恐怖作戰及綜合演練等課目的培訓。

回憶起在坦桑尼亞的援教經歷，劉炳路教授印象非常深刻：「剛到坦桑尼亞時，坦方從突擊隊和野戰部隊抽調了三百五十多人，讓專家組挑選人員。為此，專家組專門制定了文化基礎、一百米、五千米基本能力素質的測試標準。經過測試，從三百五十名士兵中挑選了八十五人，與提前到

中國培訓的二十名骨幹組建了一○五人的特種作戰連（編制 95 人，10 人留作機動）。當時全連人員平均年齡三十二歲，雖然身體素質良好，但軍事素質較差。第一次射擊訓練由坦方自己組織，用我們援建的 81-1 自動步槍，五十米距離射擊基本上都是光頭，最後將距離縮短到二十米才能夠上靶。究其原因是沒有校槍。問他們為什麼不校槍，大家直搖頭……要把這樣一個連隊打造成一個特戰分隊，難度可想而知。但既然奉命出外援訓，就要體現我們的誠意，訓出我們的標準。」

針對特種作戰連身體素質好、文化基礎薄弱、軍事素質差的特點，專

▲ 培訓坦桑尼亞特戰連

家組制訂了先技能、後戰術，先動作、後理論，先骨幹、後隊員的訓練方案，採取由淺入深、層層深入的訓練方法。在訓練內容上，本著夠用、實用、管用的原則進行設計。在專業技能上進行了格鬥、輕武器射擊、特種兵戰術基礎、攀登、游泳、舟艇操作、武裝泅渡、搜排爆、爆破九個科目的訓練；在專業戰術上進行了襲擊捕俘、敵後偵察、破襲戰鬥、搜剿戰鬥、反劫持營救行動五個科目的訓練；最後進行綜合演練。由於科目內容合理、訓練方法靈活，達到了當年組建、當年形成戰鬥力的目標。

二〇〇九年九月十八日，石家莊機械化步兵學院院長劉海剛少將帶隊出訪坦桑尼亞。坦方高度重視，其參謀長親自出席接待，並特地請來了曾經接受過學院專家培訓的坦桑尼亞特戰連連長出席活動。在異國他鄉，以院長、老師的身分受到學生的歡迎和接待，劉院長說那種感覺很難得、很特別。

留學海工，練就真才實學

「你好朋友！歡迎來到中國，歡迎來海軍工程大學學習！請到這邊註冊登記……」九月的湖北武漢，金桂滿園飄香，秋菊含苞待放，海軍工程大學又迎來了一批外國軍事留學生。

海軍工程大學這所中國海軍的高等學府創建於一九四九年，是為中國海軍培養初級生長軍官和中高級指揮軍官的重點院校，被稱為中國海軍軍官的搖籃。這裡擁有優美的校園，先進的教學、訓練和科研設施設備，還有由多艘驅逐艦、護衛艦和潛艇組成的艦艇訓練基地。同時，海軍工程大學還接收來自世界各個國家和地區的外國軍事留學生。追溯起來，海軍工程大學的外國軍事留學生培養始於二十世紀五〇年代。半個多世紀來，這所大學在海軍艦艇機電、通信、雷聲、導航、艦炮、水中兵器等專業領域，為世界各國培養了一千多名優秀的海軍軍官。

貼近實際的課程

「002！002！請向 A 高地靠攏，這裡發現敵軍電臺！」「002 明白！馬上靠攏 A 高地！馬上靠攏 A 高地！」這不是戰爭，這是海軍工程大學外軍留學生們進行的一次超短波電臺野外定向搜尋訓練。

這種靈活多樣的實地實景教學模式，在外軍學員每門專業課程的教學中都有體現。這裡所有專業課程均採用「實裝教學」和「案例教學」，全程在實驗室、裝備維修中心組織面對裝備的實踐教學，把課堂設在艦艇上，搬到實驗室，轉到訓練場。外軍學員們可直接面對實際裝備、實物模

▲ 艦艇實習

型或模擬器材開展學習訓練。3D 虛擬拆裝技術和模擬教學平臺的大量使用，更能使學員準確理解大型裝備系統和複雜結構原理，訓練強度和質量能得到充分保障。

　　當然，每年來自不同國家的外軍學員，留學的目標和需求大不相同。有的學員要求重點學習某型艦艇引擎、艦炮或魚雷的維修，有的學員要求學習海軍電子偵察技術，還有的學員甚至要求重點學習漢語。海軍工程大學的軍官們當然注意到了這一點，「都不是問題！」為此，在安排具體課程的教學內容上，既照顧到大多數學員的普遍需求來設計適應世界軍事教育改革與發展特點的通用內容，還根據不同學員的學習願望制訂了小型課程「菜單」。教官們堅持在每門課程開課前了解各國海軍的裝備情況和學

員的任職經歷與受訓情況，按照「學員用什麼教什麼、需要什麼講什麼、缺什麼補什麼」的原則，及時調整教學進度，優化教學計劃和課程實施方案，突出教學內容的適用性。

事實上，有很多外軍學員曾在其他多國海軍和軍校留學過。他們在中國海軍工程大學學習後紛紛表示，這所中國軍校的課程安排和教學方式更加符合他們國家海軍的實際需要。

交互式的教學

「艦長閣下，請允許我打開 3 號雷達操控台，使用×××MHz 頻段搜索我艦右舷海空目標！」「同意搜索！」這是雷聲專業的一名外軍學員按標準的艦艇戰鬥條例向擔任模擬艦長的另一名外軍學員提出雷達上機實作請求。

與其他院校相比，海軍工程大學的教學管理制度有很多獨特之處。比如上述模擬海軍艦艇部隊的管理方式，由各國學員領隊輪流擔任「艦艇值更官」，各專業課代表擔任「艦艇部門長」，中方軍官和外訓學員骨幹擔任「模擬艦長、副艦長」，使學員能夠強烈感受到海軍艦艇管理和生活氛圍。實行定期教學講評制度，通報學習成績。學不好的學員有壓力，成績優異的學員更有動力。實行優秀學員評選制度，每年評選出一部分各方面表現突出的優秀外軍學員並通報所在國武官，這些學員還將獲得由海軍工程大學校長親自頒發的優秀學員證書。這是外軍學員的最高榮譽，許多獲得此項獎勵的外軍學員回國後獲得了晉陞。

為提高教學質量，海軍工程大學的教學督導工作也非常嚴格。除了學校自身的教學督導體系，外軍學員也有權利參與到評教議教過程中。教官

的教材、教案和教學都納入監督過程。每門課程結束時，都由外軍學員對本課程進行評價，提出意見與建議；每學期結束時，由外軍學員對所有外訓課程進行評議打分，進一步保證外訓教學質量。

多元的體驗

海軍工程大學外軍留學生培養工作的目標是以友誼與合作為出發點，為世界各國海軍培養專業理論基礎紮實、崗位技能過硬的海軍軍官。學校緊貼各國海軍需求，設置了艦艇機電工程師、艦艇通信工程師、艦艇雷聲工程師、艦艇航海工程師、艦炮工程師、水武工程師六大類十二個對外培訓專業；既為外軍學員提供涵蓋所有海軍專業崗位的核心課程模塊，也安排了提升海軍軍官職業素養、提高科學文化層次的預備及基礎課程模塊，還安排了豐富海軍軍官國際文化底蘊、拓展軍事思維、感受中國民俗風情

▲ 外軍學員體驗中國文化

的文化體驗和選修課程模塊。

在海軍工程大學留學，外軍學員學到的不僅是專業知識，更重要的是能感受到中國文化的豐富多彩，有更多的機會體驗中國、了解中國海軍。在這裡，學校為外軍學員搭建了廣闊的活動舞臺，學員們能走向中國社會，走進軍民生活，全方位了解中國傳統文化內涵，充分感受中國軍隊和中國人民的深厚友誼。在這裡，學員沒有中外之分，沒有膚色的界限，更沒有種族的區別。中外學員穿著同樣的中國海軍迷彩軍服，使用同樣的課堂、實驗室和裝備器材。中外學員一起策劃迎新年聯歡晚會，同慶同樂、親密無間。中外學員一起參加大學運動會、體育比賽，一起在綠茵場上拚搏歡笑、為所在外訓系搖旗吶喊。外出參觀見學，中外學員一起攀登長城、爭當好漢；一起遊覽西安古城和韶山聖地，領略歷史、感嘆古今；一起參觀三峽大壩，為壯觀的人類偉大工程而拍手稱絕⋯⋯

第五章

他山之石

二十世紀七〇年代末期，中國打開了對外開放的大門，在眾多領域掀起了「走出去」學習的熱潮。「他山之石，可以攻玉。」徹底告別了封閉時代的中國軍隊開始派遣自己的菁英，先後赴法、英、美、俄等軍事強國學習先進理念和專業技能，打造中國的強軍之夢。

　　數千名中國軍官被選送至世界各地學習。他們有的是集體派遣組團前往，有的是一人前往目的地國家學習；有的是幾個星期的短期交流，有的是一到兩年的系統深造。學習內容也涉及語言、技術、裝備、戰略等方方面面。這些經過優選、打磨和鍛造的中國軍事留學生，正在成長為具有世界眼光、戰略思維和掌握現代技術的高素質新型軍事人才。

旋翼旋出金種子

一九八七年秋，身為集團軍陸航處負責人的馬湘生接到上級通知，由他負責帶隊前往法國接受培訓，系統學習法國「小羚羊」武裝直升機的駕駛技術，為嶄新的中國陸航部隊培養種子力量。以馬湘生為首的五名飛行員要經過法語學習、改裝訓練和戰術飛行三個階段才能完成系統培訓計劃。

發瘋背單詞

武裝直升機因為要執行很多戰術任務，對飛行員的身體素質有極高的要求，一般翻譯無法陪同在機上完成訓練操作，所以這次要求參加培訓的飛行員必須自己先學習法語。出國前，他們先接受了近三個月的法語強化訓練。但是，畢竟他們年齡偏大，五名飛行員中，一位四十歲，三位三十八歲，唯一一位年輕的也有二十六歲，都錯過了學習外語的黃金年齡。一九八八年一月三日，當他們抵達位於法國南部城市圖盧茲的法國航空航天語言培訓中心時，每個人都感到「壓力山大」。

這五位中國飛行員被編在同一個班，由兩位法國教官負責教授，一位負責口語對話，一位負責語法與寫作。她們上課要求極嚴，又不懂英文或中文，教和學之間唯一交流的方式就是法文加比畫。法語中，有些名詞和動詞尚且可以通過畫面來表示，但副詞和介詞等虛詞的教學就太難表述了。再加上法語語法有三十六種時態，單詞又分陰陽性，帶來動詞的過去分詞、形容詞的一系列性屬變化。這幾位中國學員很快都處於「發瘋」的

邊緣——他們上課要學，下課要記，走路時要背，躺著時要想；宿舍的牆上也貼滿了單詞的條幅，做到睜開眼就看，閉上眼也背。從一九八八年一月三日報到至當年四月下旬結業，整個學習期間他們幾乎沒有休息和外出。唯一的一次放鬆就是當年二月十七日中國的傳統節日春節時，大家聚到一起，在掛滿了法語單詞的房間裡吃了一頓鼓勁團圓飯。

不盲從教官的學員

一九八八年四月下旬，五位中國學員離開圖盧茲，奔赴位於法國南部馬賽的宇航公司進行改裝飛行訓練。剛開始進行改裝飛行訓練時，法方的飛行教官對他們多少有些擔心。因為這幾位中國飛行員和他們相比，飛行總時間要少，飛過的機型也少。

隨後的一堂課讓法國教官的擔心徹底地冰消雲逝了。

那是在學習發動機停車後的自轉迫降動作時，法方教員在黑板上畫圖示意操作動作——在接地前應先提油門變距再向前穩桿。馬湘生按照教官的指導，設想了一下這個場景，卻得出了相反的看法。他認為，拉平後旋翼轉速已經很低，且油門變距及槳葉迎角很大，容易尾部接地，所以，應該先向前穩桿保持直升機的飛行狀態，再隨著高度的下降慢慢上提變距。雙方各執一詞，爭辯了起來。

在接下來的帶訓中，教官按照課堂上自己介紹的處置方

▲ 上機操作

法操作，果真造成了直升機尾部觸地。事後法國教官對馬湘生說，是自己做了一個「標準的」錯誤動作，馬湘生的觀點是正確的。

這件事進一步增強了幾位中國學員學習的信心。為期八週的改裝訓練結束後，五人全部順利通過考核。

低空挑戰

第三階段是戰術飛行。這是他們最辛苦、收穫最大的六個月。這次，他們的訓練地點換成了馬賽東側三十公里勒呂克小鎮附近的法國陸軍航空兵戰術培訓學校。這裡地處丘陵地帶，利於戰術飛行訓練的開展。除了節假日，他們每天都飛。馬湘生在四個月中個人駕駛時間便積累了一百四十多小時。每天飛行任何科目，都是在野外低空飛行和著陸，而且大多是距地面一至十米的掠地飛行。

▲ 飛行訓練

這些貼近實戰的訓練對中國直升機飛行員來說還是新鮮事物。他們一方面瞪大眼睛，集中精力，嚴格按照飛行機理摸索；一方面還要隨時作好特情處置準備，因為一旦出現發動機停車等重大故障時，直升機在飛行高度太低、速度太大的情況下，留給駕駛員緊急處理的時間是非常有限的。這也正是戰術飛行訓練中充滿無窮挑戰和魅力的地方。

　　為了夯實戰術駕駛基礎，教官還加強了高難度課目訓練的強度。例如，離地五至十米的六十度大坡度盤旋，快速加速和緊急消速，躍升倒轉進入俯衝等。教官要求大家，做這些動作時一定要得心應手，不能耗費超過一半的精力，因為還要用餘下的精力去適應地形變化，實施戰場偵察與空中格鬥等。無論是這些高難度的單科目訓練，還是後期的整體機群作戰，都要求直接用法語在空中下達和接受飛行口令。尤其是在對機群整體作戰行動的訓練中，他們從小隊長帶兩架直升機做起，直至團指揮員率直升機群行動，完全按照作戰程序實施。此外，他們還體驗了夜航訓練——這些中國的直升機駕駛員們佩戴著夜視鏡，在山溝裡保持五十米的飛行高度，同時還要做適當的機動轉彎，並最終在野外平穩落地。

　　一九八八年十一月底，馬湘生和同學們終於完成了在法國的培訓任務，取得了法國國防部武器裝備部頒發的合格證書。馬湘生作為首批在外學習駕駛武裝直升機的軍人飛行員之一，後來奉命組建中國陸航第一支武裝直升機部隊，並升任總參謀部陸航部第一任部長。

▍來自中國的「金牌學員」

一九九六年九月的一天，首批十二名中國軍人搭乘一架波音 767 飛機飛赴俄羅斯，開始了新時期中國軍隊軍事留學的開拓之旅。

一九九一年一月爆發的海灣戰爭，生成了人類歷史上一種嶄新的戰爭模式。還在逐步向半「機械化」過渡的中國軍隊，開始面臨世界新軍事變革浪潮的嚴峻挑戰。一九九六年年初，中央軍委作出派遣軍事留學生的重大決策。

由於歷史、政治、地理等原因，俄羅斯成為中國軍隊最先派出軍事留學生的國家。經過和俄方反覆談判，最終確定了四十二名指揮軍官和技術軍官赴九所俄軍院校學習的協議。

中國軍官赴俄留學分為高級培訓和中級培訓兩種。高級培訓主要由俄總參軍事學院承擔，參加高級研修班的中國軍官均為師職軍官，主要進修戰略和戰役層次的課程。中級培訓由俄軍合成軍事學院、加加林空軍學院等各軍種最高學府負責，每年一期，學制二至三年，培訓對象主要是團職軍官。

不一樣的軍校，不一樣的思維

俄羅斯總參軍事學院因培養出數以萬計的出類拔萃的軍事人才而與美國西點軍校、英國桑赫斯特皇家軍事學院以及法國聖西爾軍校並稱為世界「四大軍校」。俄羅斯總參軍事學院的前身是伏龍芝軍事學院，與中國有著較深的淵源：劉伯承元帥、八路軍副總參謀長左權將軍、原空軍司令員

劉亞樓上將等都曾經就學於此。在今天的俄羅斯軍隊中，絕大多數高級軍事將領和指揮員都在該院學習或進修過，地位相當於中國的國防大學。

在許林平、陳照海等十二名前來報到的中國軍人想像中，既然是俄軍最高等級的軍事院校，想必也應是佈局嚴整，樓群林立。但令他們感到意外的是，在飄舞的雪花中他們看到的只是一座孤零零的八角形圓樓，學校所有設施都在這座樓裡。學校的職能非常單純，除教學之外，一切保障都不管。

生活的不易，對於在國內已經習慣了各種保障的中國軍人還無所謂。在接下來的留學歲月中，他們發現了更多與想像中相去甚遠的東西：

——俄總參軍事學院授課形式大都是開放式、探討式的，基本上沒有固定教材。教官根據自己的作戰和指揮經驗以及最新科研成果整理出課堂講義，課後由教官為學員指定大量參考書目進行閱讀。

——學院的教官絕大多數來自一線部隊，均擔任過師級以上職務，他們的軍銜大都是將軍。教官一上課，先介紹自己在哪兒任過什麼職。講戰役必須當過軍長、師長，講戰術必須當過團長。

——俄軍最先進的武器會放在學校裡，學校的教學場地保障也非常充分。譬如講彈藥的教室裡，不僅有各種砲彈的實物，還有厚度不一的鋼板，都被砲彈打過。每種砲彈的毀甲、穿甲能力一目了然。

在一堂課上，教官問中國學員們：「占領陣地後第一件事是什麼？」中國學員們的回答五花八門，卻沒想到教官的答案是，第一件事應該先把炮架起來——因為首先要有應付手段。在另一堂課上，教官讓學員講怎樣組織偵察。學員們按照自己過去習慣的方式回答說，要及時、全面掌握情況，要高度重視云云。教官聽了之後很生氣，「你們都沒有把自己放到戰

場上,而是在教室裡講哲學!」

對當年課堂上的情景,陳照海至今記憶猶新,「比如都知道集中兵力,但如何集中兵力?定下決心後如何組織協同?我們過去都是估計,俄軍講計算和量化。你定下的決心對不對,不是嘴巴說出來的,是計算出來的,要講科學。我們其實是在學習一種軍事思想方法,一種科學思維方式,現代戰爭中軍事指揮員必須建立的思維方式。」

對中國留學生們而言,中俄兩軍作戰思想、思維方式的劇烈碰撞,在潛移默化中引發了他們對中國軍隊戰法、訓法、武器裝備建設的深入思考,這一思考始終伴隨在他們的留學歲月之中。

「許,5 分!」

看到了差距,中國學員們格外珍惜這個難得的學習機會。但是壓力也很大,最大的困難是語言不通。十二名學員之前都沒有出過國,來俄羅斯留學前只是突擊學習了一些簡單的俄語生活對話而已。

上課時儘管兩個翻譯輪流現場翻,也只能把意思翻出個大概。教官在黑板上畫戰役布勢圖、畫標號,學員們懂,但翻譯翻不成軍事術語;教官不給講義,講課內容教材上沒有,有也看不懂,全靠課堂記錄。

學員們課下兩人一組把記錄的提綱整理出來與翻譯核對,翻譯再與教官核對,核對完了有錯的再改。教學大綱裡有五百五十道題,一個題整理出來就是二千多字。

在所有十二名學員中,大家公認許林平整理的題最好。除了記錄的,他還把自己的理解都整理進去。許林平所有的時間都用在學習上了,天天半夜兩點才睡覺,直到畢業前他哪兒都沒去過。

功夫不負有心人。在入校後的前六次考試中，許林平都拿到了 5 分。俄羅斯軍事學院的考試和中國國內的考試有著天壤之別。中國更多的是筆試，而在俄羅斯，所有的考試都是口試。考試制是滿分為 5 分。當堂抽籤，半小時準備，考官現場打分。所有的考試題目都沒有標準答案，考的就是每個學員的綜合運用能力。

留學生們要先後面對七次大型考試，分教研室考、學院考和國家考等。七次大考都獲得滿分的學員被授予金牌學員榮譽，不但名字和職務會永遠地刻在學校的榮譽牆上，還將得到俄羅斯總統在克里姆林宮接見的榮耀。

在來自中國、德國、法國、韓國、蒙古、白俄羅斯、哈薩克斯坦、比利時等國的七十多名留學生中，許林平是唯一在前六次考試中全部拿到 5 分的人。

衝刺的時候到了，許林平和各國的學員們迎來了最後一關──國家考試。這一次俄軍副總參謀長親自坐鎮主試，幾位中將、少將簇擁左右。

儘管事先有些緊張，當許林平看到自己抽到的題目時，心裡突然就亮堂了。九道必答題，一道追加題。許林平一邊在黑板上畫圖解析，一邊侃侃而談。考試結束後，考官追出來喊道：「許，5 分！」

俄羅斯總參軍事學院大廳有一面榮譽牆，鐫刻著從一八三六年以來歷屆金牌學員的名字。一九九七年金秋，「陸軍上校許林平」作為新時期中國軍人的第一個名字，被永遠刻在了這面牆上。

▍以庫茲涅佐夫的名義

李大鵬上校具有創新精神，刻苦努力，堪稱楷模。俄羅斯海軍軍事教學研究中心利用此機會通告中國人民解放軍，並致以最崇高的敬意。

——摘自俄羅斯海軍軍事教學研究中心主任、俄羅斯庫茲涅佐夫海軍學院院長、海軍中將 A. A. 利馬雪夫斯基致中國駐俄羅斯武官的函

二〇一〇年十二月，海軍工程大學副教授李大鵬從俄羅斯庫茲涅佐夫海軍學院留學畢業。庫茲涅佐夫海軍學院院長利馬雪夫斯基中將專門致函中國人民解放軍海軍吳勝利司令員和中國駐俄羅斯武官，對李大鵬的優異表現表示讚賞。在庫茲涅佐夫海軍學院一百八十多年的歷史中，這是首次

▲ 李大鵬在聖彼得堡參加北京奧運會聖火傳遞的保衛工作

對外軍學員給予如此高規格的表彰。

「青銅騎士」

二〇〇六年九月，經過嚴格選拔，時任海軍工程大學船舶與動力學院動力工程系教員的李大鵬，被選送到庫茲涅佐夫海軍學院進行為期四年的學習。

位於聖彼得堡涅瓦河畔的俄羅斯庫茲涅佐夫海軍學院始建於一八二七年，從這裡先後走出了八位蘇聯和俄羅斯海軍司令。作為俄羅斯海軍的最高學府，它主要培養海軍校級以上的指揮軍官和專業技術軍官。俄羅斯庫茲涅佐夫海軍學院在二十世紀五〇年代曾經為中國培養了一批海軍高級軍官，其中的劉華清後來擔任了中國的海軍司令。

然而，令李大鵬尷尬的是自己俄語基礎較弱。到學院的第二個月，承訓教研室開會討論他的培養方案和學術研究方向，他還是幾乎一句也聽不懂，最後不得不請來隨隊翻譯。

按照慣例，庫茲涅佐夫海軍學院要為每名外國軍事留學生配備一名語言老師。讓李大鵬喜出望外的是，他的語言老師是曾獲得該學院任教三十年勳章的柳德米拉教授。

為儘快熟練掌握俄語，李大鵬除了閱讀柳德米拉老師推薦的專業閱讀材料外，還常常纏著老師在下課之後再開一會兒「小灶」。李大鵬強迫自己適應語言環境：廣泛閱讀俄文報刊，甚至包括街頭散發的商品廣告單；看電視，除了央視國際頻道，只看俄羅斯電視台的節目；他還利用上街購物和散步的機會，儘可能多地與俄羅斯人交流……

那是一段沒日沒夜刻苦學習的日子。每天深夜他回到留學生公寓領取

房間鑰匙時，值班員在問候語中總會補充一句：「又只剩下您這一把鑰匙了。」

李大鵬的進步之快令柳德米拉老師頗為驚訝。二〇〇七年庫茲涅佐夫海軍學院傳統的新年公開課上，李大鵬代表中國軍事留學生發表演講。他沒有用前幾屆中國留學生曾使用過的演講稿，而是自己重新撰寫了一篇，介紹中國人最重要的傳統節日——春節。當他用流利的俄語，繪聲繪色地講述關於中國春節的各種趣事時，臺下掌聲如潮。講演結束後，他得到了意想不到的新年禮物——聖誕老人的小紅帽和雪姑娘的蜜糖餅。

同年六月，一年一度的普希金詩歌節即將舉行。一位俄羅斯教員聽說李大鵬要朗誦普希金的詩《青銅騎士》，無論如何也不相信——《青銅騎

▲ 李大鵬與俄羅斯海軍學院同事在中國海軍節招待會上的合影

士》是普希金獻給彼得大帝的長詩，能夠背誦下來的俄羅斯人也不多。

詩歌節上，李大鵬如約登臺，飽含深情地背誦了《青銅騎士》，博得雷鳴般的掌聲。節後，俄方教員們特意請他喝伏特加，還給他起了個綽號「普希金」。

經典答辯

俄羅斯俄語學位國家考試很快就到了。根據慣例，考試委員會在一次考試中只給一個 5 分，其餘的再優秀也只能得 4 分。考試成績出來，只有李大鵬得到了唯一的 5 分。

闖過語言關，李大鵬轉入專業學習與學術研究階段。他敏銳地發現，世界上潛艇建造技術發展很快，越來越「安靜」，傳統的探潛技術遇到越來越大的挑戰，於是他決心瞄準這一世界前沿課題攻關。

二〇〇八年四月二十日，李大鵬在學位委員會作了學位論文研究開題報告，受到了庫茲涅佐夫海軍學院同行和著名的俄羅斯紅寶石設計局專家的高度認可。經學院專家評審，李大鵬的學位論文納入該院教材體系，並被該院圖書館正式收錄。外國軍事留學生為庫茲涅佐夫海軍學院留下教材，在該學院歷史上尚無先例。

二〇一〇年十一月十六日，論文答辯在海軍學院學術報告廳進行。答辯委員會由十三人組成，都是本領域的重量級人物，如紅寶石設計局總設計師、孔雀石設計局總設計師等。

學位論文答辯時使用掛圖而不是幻燈，每張掛圖幅面為二張零號圖紙大小，需要十張左右，幾乎遮住了可以容納幾百人的學術報告廳的一面牆。因為答辯全程脫稿，其他很多答辯者擔心介紹不好，在掛圖上標註了

大量的文字，而李大鵬的掛圖上只有標題和圖號，清清爽爽。

「這項研究成果，通過完善和優化裝置的設計，能夠大幅提高新型潛艇的隱蔽性。」李大鵬話音未落，專家們立刻連番發問：能夠提高多少？論文中是否有量化？是否會對潛艇其他戰鬥性能帶來負面影響……尖銳的問題一個接一個地提了出來。

在持續了三個小時的答辯後，委員們的意見異常統一，一致給出了「非常優秀」，即「5+」的評語。

按照學院規定，答辯使用的掛圖、文字材料在答辯後都須銷毀。此次，海軍學院決定破例不銷毀這些材料，作為答辯範例永久保存。

當晚，教研室在學院最隆重的場合──紅廳，為李大鵬舉行慶祝宴會。出席宴會時，身著海軍禮服的李大鵬，從專業教室步行到紅廳。一路上，不斷有人主動與他握手表示祝賀。短短二百米的路，他走了近半個小時……

▌「向世界介紹真實的中國」

二〇一〇年十月，中國國防部新聞事務局參謀黃繼謙抵達位於墨爾本的澳大利亞國防國際培訓中心，學習澳軍「應急管理研討班」的預備課程。這個培訓中心主要承擔對初次抵澳的各國軍官進行入門介紹，重點介紹澳大利亞的語言、文化，還有澳軍的基本情況，以便為隨後舉行的學術交流或專業培訓打好基礎。

別具特色的介紹

第一天上午，教官首先帶領全班二十餘位來自世界各地的軍官同學對培訓中心進行了參觀。在圖書館裡，黃參謀發現了一本《中國的非洲挑戰》。他拿起來粗粗瀏覽了一下，這是一本炒作所謂「中國威脅論」的書。他趕緊把它借出來，準備在適當的時候跟各國學員們就此討論一下。

當天下午，教官安排大家作自我介紹。主持人是澳軍教官彼得，一位熱情友好的老先生。他要求每位學員用五到十分鐘簡單地介紹自己和來到澳大利亞的目的。而在大家上臺介紹的時候，彼得先生也會在教室的投影屏幕上顯示出相應國家的電子地圖。

很快，輪到黃繼謙作介紹了，屏幕上出現了熟悉的中國地圖。

「我叫黃繼謙，來自中國。可能我的名字在英語裡不太好發音，所以大家可以叫我 China（中國）。我想，這個名字可能比較好讀，也比較好記。」臺下的學員們發出了笑聲。

「我出生在中國東南沿海的福建省，」黃參謀走到屏幕前，指著地圖

▲ 在課堂上

上福建省的位置，「大家可能沒有聽說過這個省份，不過你們也許聽到過臺灣。事實上，臺灣歷史上曾經隸屬福建省，許多臺灣人的家鄉就在福建。在中國人特有的一些節日裡，許多臺灣人會回到福建與那裡的親人團聚。他們中的大多數人，都希望中國能夠實現和平統一，不希望再出現骨肉分離的悲劇。」說到這裡，許多聽眾開始點頭表示理解。

「我目前的工作地點在北京，中國的首都，一個古老而美麗的城市。」黃參謀又接著介紹，並在地圖上指出了北京的位置。「可能很多朋友已經通過二〇〇八年的北京奧運會認識了它。」彼得教官高興地點點頭，「沒錯，我記得，那是一場真正精彩的奧運會。」

黃繼謙接著指了指自己的臂章，開始介紹自己的工作單位。他告訴大家，他在國防部新聞事務局工作，該局成立於二○○七年，二○○八年中國四川汶川大地震後首次亮相。在那場大地震中，數以萬計的中國人不幸遇難。因為需要第一時間向中國人民和世界介紹災區的真實情況，黃參謀作為新聞事務局的聯絡員，在解放軍總參謀部應急辦公室工作了一個半月。他的主要任務是收集災情信息，為即將召開的新聞發佈會做好準備工作。

　　「那是一場難忘的經歷。我看到無論是將軍還是士兵，無論是軍人還是志願者，所有的參與者都在夜以繼日地工作著——為了搶救出更多的同胞。所以，我來這裡的主要目的，就是與大家分享我們在搶險救災方面的經驗教訓，同時更希望能向各位學習有益的經驗。」黃參謀向大家說道。

　　「我最大的興趣是讀書看報。我關心所有有關中國的新聞和評論，包括我剛剛借的這本書。」

　　大家的好奇心上來了，都安靜地聽著黃繼謙的述說。

　　「這本書是英國人寫的非常有趣的一本書。在中國，人們常說，讀書使人進步，批評使人進步——所以這本批評中國的書一定可以使我們取得進步，很多很多的進步。」聽眾中又是一陣笑聲。

　　黃繼謙話鋒一轉，「但是，讓人擔心的是，這本書的作者是否真的到過中國？是否真的到過非洲？我曾經作為聯合國維和軍官，到過非洲的利比里亞。據我所知，那裡的人民非常歡迎中國人。無論是維和的中國人，還是做生意的中國人，都受到熱烈歡迎。非洲人民信任我們，稱呼我們為『中國兄弟』，而不是『中國威脅』。」

　　「同樣的，非洲人在中國也受到熱情的歡迎和接待。如果各位有機會

去中國南方，比如本屆亞運會的主辦城市廣州，你們可能會驚訝地發現，那裡居住著數以萬計的非洲人，一點兒不比在非洲的中國人少。我們從來沒有把來到中國的非洲朋友看作『威脅』。而非洲朋友也十分享受居住在中國的日子，他們在中國受到尊重，享受著和平、幸福、有尊嚴的生活。」

　　黃參謀注意到大家都在專心致志地聽，他清了清嗓子，接著說道：「我相信，書籍是人類進步的階梯。而且每個人也有權利發表對其他國家的看法。但是，如果你真的想了解一個國家，最好的辦法就是找機會親自前往那個國家，親眼看一看那裡的人們在做什麼。即便是各位近期沒有機

▲ 黃繼謙（右一）與外國軍官合影

會訪問中國，我仍建議最好讀一讀中國出版的書籍。只有這樣，你才會真正了解那裡的人們在想什麼，在幹什麼。我這次就帶來中國出版的十本英文書，分別介紹了中國的風景名勝、風土人情、中國軍隊等方面的內容，還有汶川抗震救災的情況。我準備把這些書送給咱們這裡的圖書館，相信會幫助大家更好地了解中國。我可以向你們保證，這些書的作者真的到過中國。」房間裡又響起了一片會心的笑聲。

作文得了最高分

第二天，中心進行了閱讀、聽力和作文測驗，目的是了解每位新學員的英文水平。英文寫作考試的要求是，兩道作文題目必須在一小時內完成。第一道題目要求介紹自己的工作單位以及該機構的文化。第二道題目是論述自己是否同意讓女軍人承擔戰鬥任務。這兩道題目確保了大家都有話說，但要想全面辯證地回答問題，並且出彩，卻不是那麼容易的。

對第一道題目，黃繼謙還是從汶川地震講起，回顧了新聞事務局的誕生經歷。而新聞事務局的文化，並沒有現成的口號性的概括。於是，基於自己的體會和經驗，經過思考，黃繼謙把它歸納為「向世界介紹真實的中國，向世界介紹真實的中國軍隊」。

對第二道題目，黃繼謙認識到，無論怎樣回答，這個題目都能引起爭議。所以，他首先引用了毛澤東主席關於「婦女能頂半邊天」的名言，肯定女性的作用，並順勢提到，在中國的海、陸、空三軍中都有大量的女軍官和女士兵。同時，他也坦率地承認，中國女軍人絕大多數都在軍醫、護士和教師等崗位上，很少有人處於戰鬥崗位。這並不是說不希望女性參戰，也不是因為她們能力不夠，而是因為男性認為自己有更大責任來保護

婦女和兒童，確保她們遠離戰爭風險。

黃繼謙接下來寫道：「與此同時，在二〇〇九年慶祝中華人民共和國成立六十週年的閱兵式上，大家驚喜地發現，一批年輕的中國空軍女飛行員駕駛著中國最先進的作戰飛機，自豪地飛過天安門廣場。」他介紹道，這個事實提醒大家，早在八十年前，就有大批婦女參加了戰鬥。她們參與創建了中國人民解放軍，其中許多人為了中國人民的解放事業，為了抵抗日本侵略者，獻出了年輕而寶貴的生命。她們同樣是我們的英雄。六十週年的這次國慶大典，同樣也是出於對她們的深切懷念，為了紀念她們的卓越貢獻……

在二十多個學員中，不乏母語或常用語言是英語的學員。但出乎意料的是，黃繼謙，這位土生土長的中國人，卻在英文寫作考試中獲得全班最高分。也許是在他筆下流淌的簡單事實，打動了閱卷的澳軍教官。

皇家海軍學院裡的中國春節

　　二〇〇二年六月，來自中國的一支海軍代表團對英國皇家海軍學院進行了訪問。通常皇家海軍學院只在來訪的第一天懸掛來訪國家的國旗。然而這一次皇家海軍學院卻破例在中國海軍代表團整個訪問的七天裡始終懸掛著中國國旗。

　　這一特殊的禮節來自英國皇家海軍學院與中國的歷史淵源。一百二十年前，中國清政府向英國皇家海軍學院派遣了中國歷史上的第一批軍事留學生。這些留學生後來大都成為中國近代海軍的棟梁之材，其中嚴復跨界成為近代中國最負盛名的啟蒙思想家之一。

　　二〇〇一年九月，英國皇家海軍學院迎來了中英軍事留學交流的第一批中國人民解放軍軍官。包括范武、李發新等在內的六名中國軍官分屬海、陸、空三大軍種，在國內經受了嚴格的選拔和訓練之後，將在皇家海軍學院接受為期十個月的錘煉和洗禮。

　　作為一所歷史悠久的百年老校，皇家海軍學院不僅擁有古老典雅的校園設施，更有一套成熟完善的教學體系。范武等人一入學就拿到了一本厚厚的學員手冊，上面詳細介紹了一年的學習計劃和具體要求。基本學制是一年，以聖誕節和復活節為界限，一學年共分為三個學期。

▲ 體驗哥曼德訓練

▲ 在圖書館

其中第一學期以基礎教育為主，第二學期主要進行海上初級訓練和更高層次的海軍知識技能訓練，第三學期除進行專業學習外還側重學習戰術、戰略和國際事務。學院的教育和訓練給幾位中國軍官帶來了全新的認識，而對於學院的其他英國官兵而言，這幾張中國面孔也讓他們感到新奇。在這裡度過的中國春節就是一個至今仍讓許多中國和英國軍官津津樂道的慶祝活動。

春節是中國的傳統節日，也是中國人最重要的家庭團圓的節日。不過，既然是在國外學習，自然要入鄉隨俗，所以范武等中國留學生依然按照英方的時間安排來上課，並沒有提出放假休息等要求。但是，一位細心的英國老師安妮發現了這一點，她在課間休息時問幾位中國軍官，中國新

年過得怎麼樣？大家也多少表達了在國外過春節的冷清和孤單。老師先是表達了對大家思鄉之情的深刻理解，隨即用一種鼓勵的語氣提議：「為什麼不在學院辦一個中國的春節呢？你們在慶祝自己節日的同時，也可以讓我們英國朋友分享你們的快樂啊！」一個提議迅速點燃了中國軍官們的熱情，大家迅速開始行動。

首先，經過正式的請示報告，校方同意並批準，二〇〇二年二月十一日的十八時至二十四時，軍官餐廳可以用作慶祝中國春節的歡慶場所。接下來就是緊張忙碌的準備了。這幾位中國軍官深知，雖然不能拿出國內辦春晚的水平和創意，但現場裝飾的中國特色還是不可或缺的。既然是馬年春節，會場上自然少不了以馬為主題的裝飾。這幾個人愣是花了十幾天的時間，在「一窮二白」的基礎上造出了一匹卡通駿馬，一匹誕生於異國他鄉軍營當中的「made by China（中國製造）」的軍馬。再加上一句祝福語就完美了。中國軍官想到的是「馬到成功」，並在英國同學的幫助下，言簡意賅地翻譯為「Who dares, wins（無所畏懼，做贏者）」，頗有幾分軍人的豪氣。中西方軍事文化的貫通也在這匹馬的祝福語上可窺一斑。

中國春節裡還有許多必不可少的元素。中國菜自然是重中之重，而餃子更是過中國年必不可少的食品。好在在軍營裡呆了很多年，大家和面、包餃子的功夫還是有的，只不過數量和質量就不能期望值太高了。但是，對廣大外國同學而言，用中國傳統的飲食工具筷子把餃子成功夾起來送到嘴裡吃掉也不是一件輕而易舉的事。這簡直就成了一個比賽，外國軍官人手一雙中國筷子，排隊來挑戰和展示自己使用筷子的功夫。這一百多個光滑白嫩的水餃讓英國朋友們目光炯炯，虎視眈眈，練得手都快抽筋了。大家笑著，叫著，吃著，氣氛達到了高潮。

從欣賞中國生肖和春聯，到成功夾起餃子，再到品味餐後的中國茶，再到談論現代中國越來越重要的國際影響力，大家彷彿一下子打開了話匣子，而英語也第一次成了這幾位中國軍官幾乎不加思考就能脫口而出的語言，不再是一門外語的感覺了。

就在大家嘰嘰喳喳、不亦樂乎之時，值班軍官搖響了結束的鈴聲，時針已經指向了 23：50。此時此刻，大家依依不捨，意猶未盡。

突然聽到一句話：「請大家去外面觀看焰火表演。」

范武、李發新以為自己聽錯了，因為他們自己並沒有準備鞭炮、煙花等東西。這幾位中國軍官和其他老師、同學一起走到戶外的操場邊，果然見到有人在黑暗中忙碌著。很快，絢爛的煙花騰空而起，映紅了大家的面頰。值班軍官說：「為了慶祝中國春節，我們準備了一個小型的煙花表演。讓我們對在我院留學的六名中國軍官說『春節快樂』！」

原來學院也在悄悄地為中國春節之夜而準備著，這份默默的祝福頓時感動了六位中國軍官的心。

「春節快樂！」伴隨著甜蜜的祝福，一枚枚禮花彈衝向天空。瞬間，皇家海軍學院的上空呈現出一片又一片的繽紛和燦爛。

第六章

消除夢魘

在一八九九年第一次海牙和平大會上，由二十六個參與國簽署通過的公約中出現了一個非同尋常的條款——禁止各簽署國在戰爭中使用達姆彈（達姆彈比其他種類的子彈更易裂開，從而造成嚴重的過度傷害）。這是人道主義原則在現代軍備控制中的首次運用。

海牙和平大會並未能給世界帶來和平。之後的半個多世紀見證了人類有史以來最為瘋狂的軍備擴張和競賽，科技的進步直接推動了越來越多大規模殺傷性武器的出現：一九〇五年在日俄戰爭中首次出現了地雷；短短十年後第一次世界大戰中出現的氯氣開啟了化學武器的先河；一九四五年二戰結束前，廣島、長崎的上空升起了核彈的烏雲⋯⋯

世界告別兩次世界大戰進入冷戰後，包括化武、核彈等在內的大規模殺傷性武器家族越來越龐大，技術越來越先進，成為威脅人類生存和地球安全的達摩克利斯之劍。

在對人類和平和生存前景的關注下，一九七九年九月日內瓦裁軍談判委員會開始就禁止或限制使用某些過度殺傷武器進行談判。一九八〇年九月，談判會議一致通過了《特定常規武器公約》和《禁止或限制燃燒武器議定書》等文件。

冷戰結束後，在世界範圍內人道主義浪潮和環保運動的推動下，世界軍控、裁軍與防擴散又取得了新的進展，在禁止化學武器、禁止核試驗等領域相繼達成了一系列重要條約。整個國際社會在防止大規模殺傷性武器和非人道武器擴散問題上的共識不斷加強，合作不斷加深。

在這一進程中，中國相繼加入並切實履行了有關國際軍控條約，積極參加國際軍控和裁軍領域的各項重大活動，參與聯合國和有關國際機構關於裁軍問題的審議和談判，發揮了一個負責任大國的應有作用。

▌與死神「約會」

二〇一三年十月十一日，挪威奧斯陸。諾貝爾獎評選委員會宣佈，將二〇一三年度的和平獎授予聯合國禁止化學武器組織，以表彰該組織在全面禁止化學武器領域作出的卓越貢獻。

在歐亞大陸的東端，一群中國軍人歡呼著擊掌相慶——這份和平的榮譽，也凝聚著他們不可替代的貢獻，飽含著他們的奉獻與付出。這群中國軍人，來自中國人民解放軍防化兵的最高學府——防化指揮工程學院（簡稱防化學院）履約事務部。

防化學院坐落在北京西北郊居庸關長城腳下，一片高樓林立之中掩映著一棟靜謐的小樓，樓前飄揚著三面旗幟：一面國旗，一面代表全球綠色環保，一面代表世界和平事業。這棟看似普通的小樓，卻擁有全球一流的「毒魔剋星」。這裡就是肩負著中國履行《禁止化學武器公約》義務重任的技術保障核心機構——防化學院履約事務部。

打造銷毀化武「國家隊」

一九一五年四月二十二日，比利時小鎮伊泊爾，德軍大規模釋放氯氣，開啟了化學武器的潘多拉魔盒。此後數十年，化學武器在戰爭中廣泛使用，造成巨大人員傷亡。

與化武相伴而生的，是人類禁止化武的努力。一九九七年，《禁止化學武器公約》生效，這是國際社會第一個「全面禁止、徹底銷毀」一大類武器的條約。

作為二戰中化武的最大受害國之一，中國成為化武公約的原始締約國，承諾將按公約規定，全面銷毀本國生產、儲存的化學武器。這並不是一項能夠輕易實現的承諾。即使是擁有強大科技和經濟實力的美國，時至今日也沒能全部銷毀本國化學武器。

　　言必信，行必果。為了更好履行化武公約，一九九八年，防化學院履約事務部的前身——履約事務辦公室應運而生。作為銷毀化武的「國家隊」，這個特殊團隊自誕生之日，就與「毒魔」展開搏鬥。

　　「降魔」先要「防魔」。《禁止化學武器公約》規定，中國作為締約國，可以建立一個用於防護目的的十千克實驗室，每年合成十千克以內的高純度化學試劑，用於教學、科研等公約不加禁止的防護目的的研究。實驗室建成後必須經過國際禁化武組織視察組的多次核查，而且核查要求所有記錄必須是「零誤差」。

　　誕生於國際《禁止化學武器公約》正式生效之初的履約事務辦公室用三十萬元起家，發起向這一特殊高科技領域的衝擊。設施沒有參照，無法引進，他們組織專家強強聯合，集智攻關；實驗程序沒有資料，他們論證實驗；毒劑合成、分裝、加熱、冷卻、攪拌、萃取、提純，他們反覆幾百次甚至幾千次，其中每一秒鐘都有可能通向「死亡之旅」。鏖戰一百二十個晝夜，終於戰勝充滿危險的「死亡之旅」，擁有兩個合成室、一個分析室、一個清洗室和一個臨時保存庫的一流實驗室按時高質量落成。這是亞洲第一個十千克實驗室，也是國際禁化武組織一百七十個締約國建成的十七個十千克實驗室之一。

　　實驗室自建立以來，先後多次通過國際禁化武組織的核查，均獲「無懸而未決問題」的結論；承擔了建設和管理「國際防護器材援助庫」任

▲ 聯試配樣現場

務，被譽為國際同類項目建設管理的典範。

作為一個為履行國際條約而成立的單位，履約事務部誕生之初，就凝聚著承擔大國責任的底色。十五年來，履約事務部先後派出近百人次參加國際禁化武組織活動。鐘玉征教授三次率團參加「國際實驗室間化學裁軍核查對比測試」，榮立一等功；盧彩虹教授赴海牙參加禁化武組織執理會……更值得一提的是，在敘利亞化武銷毀工作中，履約部多名專家入選國家應急梯隊，接到命令後，隨時奔赴戰火紛飛的銷毀一線。

走出國門的同時，履約事務部主動承擔起國際防化培訓任務。從二○○八年至今，履約事務部先後為國際禁化武組織培訓了五期國際學員，來自全球六十餘個國家的學員來到防化學院接受培訓。

銷毀日遺化武

二戰期間，侵華日軍在中國發動過二千多次化武襲擊，戰敗後又把大量化學砲彈遺棄於中國的山川田野、河流湖泊。戰爭結束後，侵華日軍遺棄化武一直埋藏在地下或湖底，大多數已經腐蝕、生鏽，存在嚴重的毒劑洩漏問題。銷毀日本遺留化學武器，不僅是淨化中國國土的需要，更是履行化武條約、全面銷毀化武遺存的要求。

按照國際公約規定，戰爭遺留化武由遺留國負責處理。一九九九年，中日簽署了《關於銷毀中國境內日本遺棄化學武器的備忘錄》。考慮運輸安全等問題，中國政府同意在中國境內銷毀日遺化武。清除戰爭遺留毒

▲ 防疫消殺

彈，防化學院履約事務部擔起了這份重任。

二○○三年八月四日凌晨，在位於中國東北黑龍江省齊齊哈爾市的一個建築工地上，工人挖掘土方時挖出五個鐵桶，其中一個被挖掘機鑿破，桶中黑乎乎的不明液體噴灑在挖掘機和挖出的土堆上。懵懵懂懂的工人們先將這些土方拉到多所學校填操場，又將鐵桶切割賣給了廢品回收站。齊齊哈爾市的醫院隨後接診了許多出現奇怪症狀的病人，他們身上出現大面積水泡，有的已潰爛。病人數量還在不斷增多……四十三人中毒，一人危在旦夕……當地迅速控制事發現場，救護受傷害人員，並將情況迅速按程序上報。

作為禁化武組織特聘專家，年近古稀的履約事務辦公室教授陳海平火速趕到現場，通過外觀鑑定、偵檢、化驗分析，率先認定是日本遺棄化武

▲ 毒劑桶

芥子氣。中國外交部緊急照會日本大使館。應中國緊急要求,日本外務省於八月八日派遣以川上文博為首的代表團前來調查。在調查前的中日首次磋商中,中方專家陳海平教授宣讀了中方對日本遺棄毒劑桶的鑑定結果並宣佈人員中毒完全是因為這些毒劑桶洩漏造成的,首次磋商未有成效。在中日第二次磋商會上,川上文博說:「舊日軍沒有桶蓋上具有三個螺帽的毒劑桶。中方認為是芥子氣,而日方偵測結果為芥子氣和路易氏劑混合,現有的數據還不能證明是舊日軍遺棄化學武器。」日方想否認「8‧4中毒事件」是日本遺棄化學武器洩漏造成的,並宣稱準備回國,一走了之。中方要求日方不能在當天回國,第二天重新認真詳細鑑定。

八月九日,中方專家陳海平教授、趙占上高工穿著隔絕式防毒衣與日方專家共同鑑定五個毒劑桶。炎炎烈日下,中日雙方專家對五個毒劑桶及已被擰下的十只銅螺絲帽進行仔細的偵檢、測量、記錄,一直工作了近三個小時,汗水早已將防護服內的衣物濕透。日方在已洩漏的毒劑桶上寫上「Ⅱ型」。中日專家會議上,川上以低沉的聲調宣佈:「根據中方提供的資料及日方的調查鑑定,認為這些毒劑桶與舊日軍的毒劑容器基本相似。洩漏容器內裝填的是芥子氣。」日方最終承認了毒劑桶是日本遺棄的化學武器,據此應對「8‧4中毒事件」造成的傷害負全部責任!

外觀鑑別,是日本遺棄化學武器挖掘回收工作的重要環節,直接關係到能否儘早銷毀日本遺棄化學武器的問題。

一次,中日雙方在東北某地外觀鑑別一批日本遺棄化學彈藥時,日方說其中有九十八枚為非毒劑彈,中方認為全部是毒劑彈。日方不服氣,專門購來 X 光機,由雙方專家聯合對彈藥進行最終判定。防化學院陳海平教授奉命擔任中方判讀員。

陳海平教授深感責任重大，為此，他閱讀了幾乎所有與日軍遺棄化學武器有關的資料，仔細研究彈藥圖紙，分析尺寸特徵，製作識別表格。當年十月，陳海平與日本專家同坐在 X 光機顯示屏幕前，對彈藥再次進行「體內透視」。突然，眼前出現一枚炸管細而短的不明彈，他趕緊將尺寸記錄下來，晚上翻開《化學彈藥識別手冊》仔細對照研究。「一模一樣！簡直就是一對雙胞胎！」經過反複測量，陳教授終於找出了符合光氣彈特徵尺寸的八組數據。

　　第二天中日磋商時，陳海平教授胸有成竹地提出：「這枚彈是光氣彈！」日方首席代表馬上問：「你憑什麼說它是光氣彈？你有圖紙嗎？」陳海平沉著冷靜地從兜裡掏出一張寫有密密麻麻八組數據的表格，這就是光氣彈的鐵證！

　　經 X 光機鑑別，這九十八枚砲彈終顯「原形」，其中有九十六枚是地地道道的化學彈。鐵證面前，日本人不得不低下了頭。

　　根據中日雙方達成的處理日遺化武協議，每成功鑑別出一枚，日方就必須負責銷毀，從而徹底消除其對中國環境和人員的危害。但事實上在銷毀之初，基本上是中國專家手把手教日本工作人員如何處置。

　　黑龍江省北安市一個居民區內埋藏有一千五百枚日本遺棄化學彈，埋彈坑離居民點只有八米遠。中國政府多次敦促日本人趕緊回收處理，剷除毒瘤。考慮到作業的危險，日方曾出巨資聘請了一位西方一流的化武專家現場指導。結果這位專家現場一看，感覺技術難度、挖掘風險太大，連說「NO！NO！」

　　這裡危險係數之高確實令人震驚：彈頭引信發生質變，爆炸洩漏危險大。如果作業人員稍有不慎就有可能引發爆炸，發生大規模殉爆，甚至造

成人員完全「蒸發」。

「這些砲彈不處理怎麼辦，難道一直遺留在我們的土地上？」履約部的陳海平、王學峰等專家決定親自上陣。

他們用塑料鏟和竹片清理土壤，直到露出砲彈。先對砲彈科學檢測，確認無毒劑洩漏污染後方可處理。再用竹片小心翼翼地取出砲彈，在檢查有無引信、有無苦味酸洩漏後，才進行相應的安全處理。在砲彈清理和鑑別的操作臺上，他們先初步清理挖掘出來的砲彈，對帶引信彈、毒劑洩漏彈等化學彈加以處理。在密封包裝帳篷，經確認的化學砲彈，先用一個白色布袋將毒彈包起；然後，用鋁塑袋進行第二層的防護，壓出袋內的空氣，進行密封真空包裝；再將密封好的毒彈套上專業緩衝材料，用膠帶纏好放進特製的綠色專用木箱內，編號後送到臨時存放點。

對於人們最關心的環境安全問題，他們全時空對大氣監測，隨時對土壤取樣分析。對分析超標的污染土進行密封包裝，沒有超標的土作業結束後回填挖掘點。這套複雜的挖掘程序持續了三十多個晝夜，在履約事務部專家的親力親為和現場指導下，一千多枚化學彈、二千多枚普通彈終於被排除完畢。

作為協助日本處理遺棄化武的一個技術保障單位，八年來履約事務部的專家們四十多次出征，挖掘處理日本遺棄化武四萬多枚（件），足跡遍佈中國，剷除了人們頭上懸掛的一個又一個「達摩克利斯之劍」。

參與伊拉克武器核查的中國專家

一九九一年四月，海灣戰爭的戰火剛剛結束，聯合國安理會通過了第 687 號決議，要求伊拉克徹底銷毀包括生物、化學、核武器和射程在一百五十公里以上的中遠程導彈在內的大規模殺傷性武器，並成立聯合國銷毀伊拉克化學、生物和核武器特別委員會（「特委會」），負責監督該決議的執行。從一九九一年至一九九八年，聯合國先後派出了二百多個武器核查小組到伊拉克進行了四百多次調查。伊拉克政府與「特委會」及西方國家在核查問題上的矛盾不斷激化後，一九九九年十二月十七日，安理會又通過第 1284 號決議，決定成立聯合國監督、核查和視察委員會（簡稱「監核會」），代替名存實亡的「特委會」負責對伊銷毀大規模殺傷性武器的核查。

「看起來沒有中國人參加真的不行」

二○○二年十一月十五日，由十七名各國專家組成的聯合國伊拉克武器核查小組，乘坐一架 C-130「大力神」運輸機抵達巴格達國際機場。這批專家是緊急調來的聯合國「監核會」的武器專家。夾在一群白皮膚、藍眼睛的專家中間，一個黃皮膚的亞洲人顯得格外惹人注意。

一名西方記者頗為肯定地說，他一定是中國人，因為記者從同事口中得知，第一批核查人員中有一名中國專家。但到目前為止，人們對這位中國專家的了解僅此而已，記者們甚至連他姓甚名誰都「挖」不到。

一位不甘心的記者與中國外交部取得聯繫，想打聽關於這名中國專家

的情況。雖然他遭到了委婉的拒絕，但卻獲得了另外一條重要的信息：在最近一個時期內，中國將有十三名專家參加對伊核查，他們中也許會有人進入薩達姆的「行宮」。

隨著伊拉克武器核查危機的升級，在聯合國安理會 1441 號決議通過之後，聯合國「監核會」立即與中國聯繫，希望中國能提供更多的武器核查人員。中國武器核查專家們如此受到聯合國「監核會」的青睞，源於中國專家們的專業水平和公正立場。

一九九一年起，中國陸續派出了多位專家參加「特委會」的武器核查工作。在當時的核查工作中，西方國家的核查員對伊方提供的化工材料的數量提出質疑。按照他們的估算，一噸原料，西方國家可以提煉出來二十公斤想要的化工材料，而伊方只提供了十公斤，因此他們指責伊拉克方面

▲ 核查現場

故意瞞報了近一半的化工材料。但是中國生物專家陳添彌研究員明白這主要是由於西方國家確實並不很了解發展中國家生產工藝的具體情況。她據理力爭說，從伊拉克現有的整個工藝水平看，確實生產不了那麼多化工材料，因此不能以此為依據簡單地指責伊方是故意瞞報。最後，她的意見被核查小組以及「特委會」接受了。

後來，負責伊拉克大規模殺傷性武器核查的聯合國副秘書長曾就此專門對當時的中國駐伊拉克大使孫必干說：「看起來沒有中國人參加真的不行。」

中國是安理會的常任理事國，對伊拉克問題一向非常關注。在「特委會」主持對伊拉克的武器核查時期，中國就先後派出了二十三名武器專家參加武器核查工作。但由於各種原因，中國在「特委會」中沒有工作人員。一九九九年底，以布利克斯為主席的「監核會」取代「特委會」的工作以後，中國與「監核會」的關係越來越密切。首先，安理會在建立「監核會」的同時設立了專員團。專員團一年開四次會，對布利克斯向安理會提交的報告進行審議。中國在專員團中就有一名代表。在「監核會」的常設機構中，中國派出了四名工作人員。

除了派出多名中國專家赴伊核查，中國還向「監核會」提供了一個檢驗化學武器的實驗室。當武器核查人員在伊拉克採集了疑似化學武器的樣品後，它就會被送到中國的這個實驗室進行檢驗，其結果就是安理會作出伊拉克是否違反有關決議判斷的依據。

底格里斯河畔之殤

在中國人民解放軍防化指揮工程學院的履約展館內，靜靜擺放著一本

報告文學集《和平之子》。封面上，一頂中國軍人的軍帽安放在巴比倫神廟的石柱上。帽子的主人叫郁建興，履約事務部首任十千克實驗室設施代表。二〇〇三年三月十三日，郁建興在參加聯合國伊拉克核查任務時不幸遭遇車禍，年僅三十八歲的生命，凋落在底格里斯河畔。

一九九八年十二月，郁建興受聯合國「特委會」聘請，作為中國國防部特派專家參加了在伊拉克的武器核查。二〇〇二年十二月十五日，在伊拉克危機日趨嚴重的情況下，郁建興受聯合國「監核會」聘請，再次赴伊拉克執行核查任務。

為掌握第一手情況，盡最大可能避免國際糾紛和戰爭爆發，核查小組要對伊拉克化工廠、水泥廠、食品廠等數百個可疑設施進行核查。有的核查地點距巴格達很遠，有四五百公里，乘直升機也得三個多小時。核查結束後要整理核查結果，撰寫核查報告報紐約總部。有時一個報告中僅數據就有幾十頁，需要一個一個核實，工作量非常大，任務十分艱巨。最艱苦的是到化工廠核查，為防止意外，必須穿氣密性很強的防護服。伊拉克二月份的氣溫就高達 30℃，幾乎每天工作十二小時以上。一天下來，渾身上下像被水泡了一樣。郁建興在所有參加核查任務的人員中，是乘飛機出去核查次數最多的一位。在伊拉克八十七個日日夜夜，他行程十萬公里，進行了六十多次設施檢查，撰寫了六十餘份近三十萬字的核查報告，為聯合國「監核會」提供了大量翔實可靠的數據。

二〇〇三年二月，核查小組發現在伊拉克境內可用於製造 VX 和芥子氣兩種毒劑的幾十噸原料突然消失。伊拉克對此作出的解釋是管理混亂和使用消耗等原因，聯合國決定在伊拉克舉行高級別科學家會談。郁建興應邀參加了會議，與聯合國邀請的專家和伊拉克的專家就生產工藝、配方等

細節問題進行了辯論。在化學視察組中，絕大多數核查員都是搞工程的，真正搞毒劑合成及生產工藝研究的只有郁建興一人，因此，他的發言舉足輕重。一位西方專家判斷伊拉克將這些原料藏匿了起來，郁建興從合成路線、工藝參數等方面詳細分析，不帶任何偏見地用事實說話。辯論的結果，矛盾雙方達成了少有的一次「一致」。

郁建興的腰一直不好。由於長期工作疲勞，他的腰病犯了。別人勸他請假，但他考慮工作已進入高峰期，硬是撐著。寫核查報告時，他腰疼得受不了，便趴在床上寫。

▲ 郁建興（右一）在執行武器核查任務

時間進入二〇〇三年三月份，伊拉克局勢進一步惡化，戰爭一觸即發。一些國家的核查人員紛紛撤離伊拉克。郁建興因為工作效率出眾，撰寫報告速度快、質量高，化學武器核查組的官員非常器重他，希望他能續簽三個月。郁建興選擇了留下，他在給學院發回的電子報告中說：「聯合國監核會希望我工作到今年六月份。我懇請院首長同意我繼續留在伊拉克參加聯合國武器核查工作。」

二〇〇三年三月十二日，參加聯合國核查工作的另一名中國專家羅永峰因為與聯合國的合同到期，準備離開伊拉克回國。郁建興在握手告別自己的戰友時，輕輕說了一句，「回頭北京見。」羅永峰當時根本無法想

到，一句簡單的問候居然就是兩人之間的訣別。僅僅一天之後，羅永峰在回國轉機途中從電視上看到了郁建興執行核查任務時因車禍遇難的噩耗。

二〇〇三年三月十六日，巴格達國際機場上空掛著幾縷陰雲。蕭瑟的晨風中，六位聯合國武器核查員輕輕地將郁建興的靈柩抬上了聯合國專機。

就在郁建興的靈柩啟程返回祖國之際，聯合國「監核會」決定：今後每次化武核查報告上，都將簽上郁建興的名字，以此紀念自一九九一年聯合國對伊武器核查以來第一位因公殉職的優秀核查員。

驚魂敘利亞

　　二〇一三年八月，敘利亞大馬士革郊區發生了大規模的沙林毒氣襲擊平民事件，國際社會為之震驚。經多方博弈，在美俄兩國就敘利亞問題達成「化武換和平」協議後，敘利亞加入禁化武組織，承諾在國際社會監督下將化武全部銷毀或運出境外。在禁化武組織和聯合國聯合使命團的監督下，截至二〇一四年四月底，超過百分之九十二的敘利亞申報的化學武器材料已經被轉運出境或得到銷毀。

　　正當人們以為敘化武即將得到解決之際，敘利亞反對派開始多次指控敘政府軍使用氯氣攻擊反對派占領區平民並造成多人死傷，政府軍方面則矢口否認。以美英為首的西方國家要求禁化武組織對此展開真相調查。

　　在波詭雲譎、衝突不斷的敘利亞，參與敘利亞化武調查及海運護航行動的中國軍人們注定要經受嚴峻的考驗。

和平護衛

　　當地時間二〇一四年一月七日凌晨二時〇九分，地中海格外寧靜。中國海軍護衛艦「鹽城」號在夜幕下正在駛離塞浦路斯利馬索爾港。

　　這不是一次常規的駛離動作。在夜間、無引水和無拖船協助情況下駛離國外陌生碼頭，存在著很大的風險。經中國駐塞使館與利馬索爾港口緊急協調，港口方面破例同意「鹽城」艦自行駛離碼頭。

　　隸屬於中國海軍北海艦隊的「鹽城」艦下水還不到三年，它採取了全新設計的隱形艦體，是目前為止中國最新型的護衛艦之一。僅僅七天之

前，「鹽城」艦還馳騁在亞丁灣海域，在中國海軍第十六批護航編隊的序列中執行護航任務。來自上級的一紙命令讓「鹽城」艦改變航向，駛向地中海去緊急執行敘化武海運護航任務。

「鹽城」艦以二十五節的高速航行前出，六時許順利抵達敘利亞外海集結點，與俄羅斯「彼得大帝」號巡洋艦組成聯合護航編隊，同時與丹麥、挪威各方艦艇加強溝通聯繫；九時二十四分，進入敘領海，按照既定方案開始巡邏警戒；同時，丹麥運輸船「未來方舟」號進拉塔基亞港，裝載完畢後出港，「鹽城」艦與丹、挪、俄艦艇按方案組成護航編隊，開始護航；直至編隊駛出安全走廊後解護。整個過程環環相扣，首次護航行動安全順利。

當地時間三月五日十八時五十六分，第七次敘化武海運護航任務順利

▲ 丹麥運輸船出港時，防化兵進行化學偵察

完成。「鹽城」艦副艦長蔡箐在駕駛室內查看了近一段時間的《艦艇戰鬥活動日誌》和《航泊日誌》。從二月二十六日起的短短八天裡，「鹽城」艦連續四次執行化武護航任務，加上護航間隙開展的針對性訓練，警報一共拉響二十次！

中國海軍不止在內部展開演練與行動，還頻繁與俄羅斯、丹麥、挪威等國海軍聯動。敘利亞化武海運護航是多國協作行動，任務海區內多國艦機雲集。中國同俄、丹、挪聯合為敘化武護航，既是履行大國責任，也是進行軍事合作和交流演練。

護航六十一天，「鹽城」艦先後與丹挪編隊進行了戰術演練，與一百二十多艘（架）次過往艦機互動，還與俄艦互派聯絡官，增進了軍事互信。為便於護航過程中的協作配合，一月二十四日，「鹽城」艦與俄「彼

▲ 結合護航任務，開展化武醫療救護實戰化檢驗

得大帝」號巡洋艦（099 艦）在地中海東部開展了聯合訓練。

二〇一四年三月九日，中國海軍南海艦隊「黃山」艦與「鹽城」艦進行簡短交接後，接過了敘利亞化武海運護航任務的接力棒。就在同一天，化武集運點拉塔基亞港口周邊發生了導彈襲擊爆炸事件。

為了應對各種突發情況，「黃山」艦海上指揮所決定立刻完善應急處置預案，增加艦載直升機在公海的起降訓練頻次，並展開空中警戒巡邏。

六月二十二日早晨，地中海天高雲淡，波瀾不驚。七時三十分，中國海軍「黃山」艦和俄羅斯「庫拉科夫海軍中將」號驅逐艦、丹麥「彼得·威勒莫斯」號護衛艦、挪威「安德奈斯」號巡邏艦以及丹麥化武運輸船，在敘利亞領海外指定海域集結，開始聯合執行第十九批敘利亞化學武器海運護航任務。

九時十四分，隨著丹麥化武運輸船駛入敘利亞領海，聯合護航編隊各艦立即拉響戰鬥警報進入一級戰鬥準備部署。「黃山」艦上的防化分隊迅速啟動三防監控系統，飛行員作好隨時起飛準備，特戰隊員手持各型武器警惕地注視海面。駕駛室內指揮組組長緊張地與俄方聯絡官、中國駐塞浦路斯大使館等各任務方保持密切溝通……

十七時三十六分，丹麥化武運輸船在聯合護航編隊的嚴密護衛下，緩緩駛出敘利亞領海。至此，第十九批聯合護航任務順利完成。

在敘化武海運護航的漫漫征途中，一道道閃光航跡在地中海晚霞的映照下熠熠生輝。截至二〇一四年六月二十三日整個護航行動結束，中國海軍的兩艘艦艇分別與俄羅斯、丹麥、挪威三國艦艇執行了二十批聯合護航任務，歷時一百七十四天，確保運輸船成功外運敘利亞化學武器。

驚險之旅

二〇一四年五月十六日，總參軍訓部履約事務局的高級工程師郭建增接到禁化武組織技秘處通知，要求他以最快速度前往敘利亞參與化武真相調查工作。

在短短半年之內，作為長期擔任禁化武組織前任視察員／隊長職務的化武專家，郭建增已經是第三次接到同樣的通知了。二〇一三年十月，郭建增經中國政府推薦被禁化武組織聘用，已先後兩次為敘利亞調查赴荷蘭海牙報到，但都因為安全原因取消了。

敘利亞化武真相調查發起以後，要前往戰爭依然很激烈的衝突地區具有前所未有的安全風險，因此不斷有視察員因健康和安全原因退出，調查團急需補充有經驗的專家加入隊伍。由於技秘處內部的力薦，於是郭建增收到了第三次通知。

經向上級請示並獲批准後，郭建增立即出發，於二十二日到達大馬士革與調查團全體成員會合。此前一週，調查團的主要成員已經在大馬士革集結完畢。

由於指控使用化武的地點較多，而調查團在敘利亞停留時間有限，調查團首先要對指控地點進行優先順序選擇，最終確定前往離大馬士革較遠且安全狀況最差的哈馬省的卡法茲塔調查，而交戰雙方在這個地區激戰正酣。經過多方協調，政府軍和在該地區占統治地位的兩個主要派別敘利亞自由軍和伊斯蘭陣線同意五月二十七日停火一天，以便調查團能夠前往調查取證。

五月二十六日在調查團出發之前，考慮到前方反饋的最新情報，反對

派控制區對中、俄兩國的態度極不友好，郭建增在最後時刻被留在指揮部負責協調工作。這個安排被後來的事態證明是一個極為明智的決定。

五月二十七日上午，調查團一行在進入反對派控制區後，頭車遭遇路邊炸彈襲擊而報廢，團長決定中斷調查立即返回。然而在返回途中遭遇到了武裝分子伏擊，有兩輛車連同陪同人員（共 11 名）被武裝分子當場扣留。武裝分子表現非常凶惡，用槍威脅調查團成員，並詢問是否有俄羅斯人和中國人。萬幸的是，作為隊內唯一的中國人，郭建增留在了指揮部，原計劃參與本次調查的俄羅斯視察員也在出發前一刻放棄前往。

調查團遇襲後，只有兩人的指揮部面臨巨大壓力。郭建增緊急協調聯合國安全官員與敘政府和反對派溝通，同時不斷向總部不同部門更新情況，並向聯合國聯合敘利亞化武指揮中心求援處理危機。

經過多方斡旋，武裝分子於中午十二點左右才勉強同意讓調查團成員乘上汽車。調查團在反對派不同派別之間相互僵持和對峙的間隙返回政府軍控制地區。

遭遇此次襲擊後，禁化武組織調查團在敘利亞調查氯氣使用真相的行動遭遇重大挫折，不得不暫時中斷。

二〇一四年六月二十日，當郭建增乘坐的國際航班在首都機場緩緩落地後，他深深吸了一口氣，「終於安全回家了！」

▍走進國際雷場的中國軍人

　　當戰爭和衝突結束之後，戰爭中遺留的爆炸物仍然會給平民帶來嚴重的威脅與傷害，這種「隱蔽殺手」造成的危害甚至會持續數十年。目前，世界上六十八個國家境內埋有近一億枚地雷，平均每年造成約二點六萬人傷亡。

　　中國也是一個長期遭受雷患困擾的國家。一九九二年至一九九九年，中國先後在雲南、廣西邊境進行了兩次大面積掃雷。這是二十世紀末世界

▲ 援助泰國掃雷

上規模最大的一次人道主義掃雷行動，共掃除地雷二百八十多萬枚，銷毀其他爆炸物四百多噸，完成永久性封圍雷場數十平方公里。中越邊境中方一側基本告別雷患。

中國在努力掃清境內雷患的同時，積極開展國際掃雷合作與交流，支持並參與相關國家的人道主義掃雷進程，幫助雷患國家消除地雷威脅。

作為中國第一支赴黎巴嫩維和部隊，在飽受戰火紛爭的中東國家黎巴嫩，成都軍區十四集團軍工兵團創下了維和七年零傷亡、七天通過掃雷資質認證、掃雷速度是國際平均水平七倍等三項奇蹟。

自二○○六年以來的七年間，他們完成了一九六萬平方米疑似雷區、爆炸物散落區和一四一八八米巡邏道路的探查，發現、排除地雷三千多

▲ 走進雷場

個、未爆彈一萬五千多枚、各種金屬物五十餘萬件，完成各類工程保障任務近一萬二千項，修復道路三百二十多公里，開展人道主義醫療救助二萬餘人次，被公認為聯合國駐黎巴嫩臨時部隊中作用最明顯、貢獻最突出、表現最出色的部隊。

在中國為消除世界雷患所作出的不懈努力中，一位中國工兵功不可沒，他就是陳代榮。這位名聲大噪國際地雷界的「地雷專家」，與地雷打交道二十年，曾參加過中越邊境大掃雷和中國的三次援外教學掃雷，培訓外軍學員一百五十名，示範排雷二千一百多枚，探索出二十六種科學排雷方法和手段，取得二十多項技術成果，研發六項新裝備，編寫了世界第一部人道主義掃雷教材，並創多項世界掃雷奇蹟。在黎巴嫩維和掃雷行動中，他成功編寫了國際掃雷標準作業程序（SOP），並帶領掃雷分隊順利通過聯合國掃雷資質論證考試。他組織實施的掃雷，與其他國際組織和商業掃雷公司相比，掃雷速度快、質量高、成本低、安全係數大。他和他所帶的掃雷隊伍至今無一人傷亡，被國際同行歎為「奇蹟」。

接受考察——展示中國掃雷技能

二〇〇六年二月二十八日至三月一日，聯合國維和考察團到中國赴黎巴嫩維和工兵營考察了陳代榮所率領的掃雷連。考察一開始，考察團團長夏爾馬上校突然對陳代榮說：「聽說你們的人工搜排技能很過硬，請現場表演一下。」

隨著陳代榮起爆命令的下達，掃雷爆破的硝煙在模擬雷場騰空而起。兩分鐘後，一隊頭戴防護頭盔、身著防護服、腳蹬防雷鞋的掃雷隊員迅速奔向「雷場」，手持探雷器，兩人一組向縱深推進。陳代榮帶領十個作業

手，僅用半個小時，就排除了一百餘平方米的「雷場」。

「陳中校，聽說你組織的掃雷，速度是聯合國維和掃雷部隊的七倍，這下我算是見識了。但為什麼這麼快呀？」

「我們掃雷靠的是可靠的器材和過硬的技能。有器材，我們就能找到雷；有技能，我們就能排掉雷。」陳代榮滿懷信心地回答。

隨後，陳代榮又為考察團進行了機器人掃雷、犬探雷和綜合掃雷車掃雷演示。考察團一名官員最後問他：「你們有關於掃雷的文字材料嗎？」陳代榮微笑著掏出一本自己編撰的英文版《國際人道主義掃雷手冊（教材）》。這名官員瞪大眼睛看了五六分鐘，連說：「Good！Good！」

考察結束後，夏爾馬上校高興地說：「有陳中校這麼棒的專家，中國軍人一定能出色完成掃雷任務！」

軍事掃雷──保障聯黎部隊行動

二○○六年三月三十一日，「和平使者」陳代榮作為掃雷連連長第四次率隊出征異國雷場。

根據軍委指示和聯黎臨時部隊的要求，在黎巴嫩南部維和任務區擔負軍事掃雷是赴黎維和工兵營的主要任務之一。由於黎巴嫩戰事頻繁，且以往有些維和部隊工兵分隊掃雷後沒有進行標示，導致聯黎部隊在展開行動前都需對相關地域進行搜排，以確保安全。

「雷場是無情的，雷場是冷酷的。沒有精湛的掃雷技術，就是對自己的生命不負責任。這兒都是真正的雷場。」為了糾正官兵們不合規範的掃雷動作，面對滿臉汗水的掃雷官兵們，陳代榮穿上防護服，拿起探雷器，一遍又一遍地示範著每一個動作要領。看著同樣是滿臉汗水的陳連長，官

▲ 挖掘地雷

兵們認真地做每一個動作。看到合乎規範的掃雷動作,陳代榮欣慰地笑了。

在掃雷作業過程中,根據黎巴嫩草深、泥土堅硬的實際情況,陳代榮和他的掃雷分隊創造了從上至下分段剪草、清除雜物、嚴摳細刨的方法逐段探排地雷,並在實際工作中,用鐵絲製作了簡易小耙(用於耙草)和起子般大小的小「鍬」(用於起取埋藏在土中的金屬物),大大提高了掃雷作業速度。

任務期間,陳代榮帶領掃雷分隊共為聯黎部隊掃除疑似雷場面積二一〇九一二平方米,清理巡邏道路十五條(8,613 米)及藍線標樁掃雷,共掃除地雷一百餘枚、各類金屬物五百餘公斤。

隨隊保障 —— 確保運輸道路暢通

黎以交火期間，在聯黎部隊主要補給幹線上散落了大量未爆彈。為確保後勤補給暢通，每次後勤運輸都要安排排爆分隊隨隊保障。

八月十一日上午十一時〇四分，按照聯黎司令部的通知要求，陳代榮帶領一個五人運動排爆小組，乘坐法國裝甲運兵車，護送三輛物資運輸車前往印度營一個觀察哨所，路線是從以色列境內走。

行至黎以哨卡中間地段，二枚砲彈橫躺在道路中央。陳代榮立即帶領二名戰士下車，小心翼翼地將啞彈拆除引信後，移至道路一側。由於這些啞彈的引信都已擊發過，危險係數大，一不小心就容易引爆。為此，有著豐富排爆經驗的陳代榮要求所有人員嚴格按程序操作，以防萬一。雖然以色列一側哨卡樓上到處是狙擊手，好像隨時都準備開火，但排爆官兵仍坦然地一步一步將啞彈挪開，並逐一告知每輛車的駕駛員，注意繞開該啞彈前進。

晚上二十時四十六分，車隊終於順利到達了印度營營部，經過九小時四十二分鐘的驚險歷程，結束了僅一百公里的藍線之旅。印度營營長高興地說：「感謝你們為我們送來了後勤補給，感謝你們為我們帶來了希望。」

資質論證 —— 促成中國掃雷國際化

「大家好，歡迎來到掃雷一組作業現場。首先為大家介紹一下雷場的地理位置，我們現處的地理位置是……」這是中國營掃雷官兵資質論證考核的一個場景。考核場上，各組長和雷場監督員有條不紊地介紹著情況，部署著掃雷相關工作。準備器材—測試—探雷—排雷—救援，掃雷隊員按

照標準作業程序認真地做著每一個動作。

「全體通過！」當領隊的 MACC（聯合國駐黎巴嫩地雷行動協調控制中心）官員格里最終宣佈成績時，現場全體官兵及僱員禁不住鼓起掌來，相互慶賀通過了聯合國資質論證考核。

在致辭中，陳代榮鏗鏘有力地說，「雖說前面的路很艱辛，但我感到很欣慰，因為中國掃雷正逐步被國際認可，從國內掃雷到國際人道主義援外掃雷，最終走向了國際維和掃雷。資質論證是我國掃雷人員首次接受聯合國地雷行動協調中心的考試，意義非常大，是我國掃雷融入國際社會、與國際接軌的標誌。我作為首批中國工兵營掃雷連連長，有幸成功編寫了中國營自己的 SOP，順利通過了聯合國駐黎巴嫩地雷行動協調中心的考核，我感到很高興；同時，也感到自己身上的責任更大了。今後我們將嚴格按照自己編寫的 SOP 圓滿完成在黎巴嫩的維和掃雷任務。」

排除啞彈──消除戰後安全隱患

黎以戰火平息後，黎巴嫩南部地區到處都是遺留下來的各種爆炸物。這些彈藥因為已經發射過，雖然沒有爆炸，但已處於無法預料的戰鬥狀態，稍有觸動就可能引發爆炸。截至目前，南黎地區未爆彈藥已炸死二十五人，炸傷一百多人。

為儘快消除安全隱患，黎以停火協議生效後，維和工兵營掃雷連官兵先後到南黎任務區的各個村莊和聯黎部隊據點執行排爆任務，共排除各類未爆炸彈五七一四枚。

一個週末，工兵營接到一名村民的求助，稱其樓房廢墟下有一枚炸彈，請求幫助排除。儘管是在休息時間，但連長陳代榮二話不說，立即率

▲ 勘察未爆彈

領八名官兵前往排爆。

到達現場，只見一枚帶著引信的二百三十公斤航彈斜插在樓房的廢墟下。他們立即對這枚航彈進行安全性能檢查，並對周圍的廢墟進行清理。經過近兩個小時的艱難挖掘，他們終於將航彈移至安全地帶並成功銷毀。隨即，他們又對房屋的臥室、灶臺、羊圈、廁所等地方進行全面搜排，搜排出了集束炸彈、照明彈、艦炮砲彈等六枚未爆炸彈。

看著中國軍人從村子裡搜排出這麼多危險的炸彈，一名長老帶著幾位村民提著水果、飲料、薄餅等送給官兵們，並邀請官兵們到家中喝茶。陳代榮說中國軍人有紀律，婉言謝絕了老鄉的好意。

▲ 排除廢墟下的未爆彈

　　聯黎部隊上班時間為七點半至十五點半。然而，排雷連的官兵們經常早出晚歸，儘可能多排除一些啞彈，給當地人民減少一些安全隱患。聯黎部隊資深僱員穆罕默德說：「我很佩服中國軍人的敬業精神。以前我為很多國家的維和部隊工作過，都是準點下班，到點走人，但中國軍人為了我們國家人民的疾苦，犧牲了大量休息時間。中國軍人的確是好樣的！」

　　一次次排爆成功，一聲聲山崩地裂般的巨響，陳代榮帶領掃雷官兵們讓一枚枚隨時可能爆炸的啞彈瞬間在黎巴嫩「粉身碎骨」。面對生死，這位中等身材、黝黑臉頰的中國工兵是這樣說的：「誰都渴望生，而害怕死，我也一樣。但正因為我鍾愛生命，鍾愛每一個人的生命，才選擇了與死神周旋的行當。」

第七章

以心相交

「人之相知，貴在知心」，「以心相交，方能成其久遠」。軍人之間的人文交流跨越地域、文化、膚色等差異，在不同國家、軍隊之間架起溝通、和平與友誼的橋樑，成為各國、各軍隊之間加深理解、建立互信的紐帶。

　　在競爭激烈、強手如雲的軍事技能競技場上贏得尊重，在精彩紛呈、美妙絕倫的高超專業技能展示中贏得歡呼，在悅耳動聽、震撼人心的音樂演繹中建立情感的共鳴，在坦誠友好、透明開放的思想碰撞中獲得由衷的認同……軍隊人文與專業交流正用一種獨特的語言，在中外軍隊、中外人民之間架起一座溝通的橋樑，向世界傳遞著中國「和平開放，合作共贏」的理念，展示著中國人民厚德載物、有容乃大的寬闊胸襟，描繪著中國軍隊自信自強、開放進取的生動表情，向世界遞出真誠友好的名片。

「臨汾旅」：中國陸軍開放的窗口

　　這是一支對外開放的雄師勁旅——自一九七一年以來，軍委、總部把迎接外國軍政要員參觀訪問的任務賦予「臨汾旅」，使得這支英雄的部隊更富有傳奇色彩。

　　四十多年來，「臨汾旅」先後接待了一百二十多個國家和地區的國家

▲ 二〇一〇年四月，剛果（布）國防部長夏爾·扎沙里耶·博瓦奧到訪某摩步旅

元首、政府首腦、軍事和民間代表團，為外賓進行軍事表演六百多場，榮獲外國勛章、紀念章一千多枚，被譽為「中國陸軍的窗口」。

迎外活動開放程度不斷放大

一九七五年一月九日，「臨汾旅」迎來了解放軍南京軍政幹校外訓隊圭亞那籍學員愛德華・科林斯和他的同學們。科林斯被中國軍人過硬的軍事素質所折服，拍下了許多照片。或許，年輕的科林斯在拍攝這些照片時，只想為自己留下些回憶。沒有料到，他拍攝的這些照片會在三十年後成為見證「臨汾旅」迎外發展歷史的鮮活素材。斗轉星移，歲月如河。穿越時光的隧道，二〇〇五年五月十八日，已是圭亞那國防軍參謀長的科林斯準將再次走進了「臨汾旅」。

▲ 火箭破障表演

軍事表演開始了。輕重機槍對抗射擊、偵察兵應用訓練、95 式自動步槍速射、榴彈發射器打射孔靶、反坦克火箭打運動坦克、狙擊步槍對指定部位射擊、加強步兵連戰術進攻演習……一個個精彩紛呈的軍事表演課目，科林斯看得很認真。表演結束後，科林斯又走進「臨汾旅」十連，參觀官兵的宿舍、兵器室、俱樂部，並和戰士共進午餐。當他看到一幢幢整齊漂亮的營房，品嚐著味美可口的飯菜，發現一些戰士能用英語和來賓交流時，他感慨地拿出當年拍攝的照片和官兵們聊了起來：「原來你們住的是平房，給我看的是刺殺操、投手榴彈、跳木馬，我也沒有機會和士兵交流……你們的變化太大了！中國軍隊的變化太大了！如果我有機會再來，相信你們的變化會更大！」

◀ 一九六九年的刺殺操
　表演

二〇〇八年四月二十九日，國防部外事辦公室組織四十六個國家五十九名駐華陸軍武官、副武官走進了「臨汾旅」。聽完介紹、看完裝備展示後，武官們興奮地觀摩了一場「合成營對陣地防禦之敵進攻戰鬥實彈戰術演習」──這是中國軍隊實現軍事訓練轉變後突出抓的一個新型課目。演習場上，武官們時而舉起高倍望遠鏡觀看，時而拍照錄像。有的武官甚至將整個演習進行了全程錄像……

打開營門請外國駐華武官們參觀，這反映了新世紀中國軍隊透明和開放的姿態。他們不僅積極邀請駐華武官和外軍觀察員前來觀摩，作為東道主的「臨汾旅」領導也會向外賓提出問題，獲得外軍的一些知識和信息。在最近十多年時間裡，「臨汾旅」的幾任旅長、政委相繼走出國門，到朝鮮、俄羅斯、法國等國家參觀訪問，借鑑外軍的訓練和管理經驗。

迎外無小事

二十世紀七〇年代，來訪外賓特別喜歡詢問「臨汾旅」戰士的生活、訓練情況。而面對各種膚色的外賓的提問，這些訓練場上的「小老虎」「武狀元」們，心裡卻沒有底，總擔心自己說錯話。因而，他們在外賓面前有時表現得有些緊張，完全沒有了訓練場上的勇士風采。

改革開放後，「臨汾旅」的兵員文化層次和全軍官兵一樣，有了質的飛躍，不僅幹部中出現了很多博士、碩士，就是戰士中也有不少大學生。部隊人才多了，素質高了。「臨汾旅」開始安排外賓到連隊食堂與官兵就餐，安排來訪的外賓和外國記者與戰士座談、交流、聊天、對話。

二〇〇二年七月十日，來自十六個國家三十家媒體的一〇五名記者來到「臨汾旅」觀看迎外表演。應各國記者的要求，表演結束後，旅裡舉行

▲ 二〇〇二年，百名記者走進中國軍營和士兵零距離接觸

了一場官兵現場答記者問。一位記者問一名上等兵：「你們的津貼這麼低，不感到吃虧嗎？」

「我是按照我國的《兵役法》在盡義務，參軍是我自願的選擇。作為一名戰士我很自豪，作為一名中國軍人我很驕傲。」這名戰士回答得乾脆利索。

「美國是不是中國最大的對手？」一位外籍記者走到一名士官面前。「我知道，美國是中國最大的戰略合作夥伴。」士官用英語沉著地回答。

一次，哥倫比亞廣播公司「60 分鐘」節目主持人華萊士走進了「臨汾旅」。這位資深記者在觀看完軍事表演後問戰士朱詩亮：「作為士兵，

你想到過死嗎？」面對世界知名記者的詢問，士兵朱詩亮響亮地回答說：「犧牲對於每個軍人來說都是不言而喻的，巴頓將軍不是也說過『軍人就是犧牲』嗎？我們熱愛和平，但隨時都準備著為祖國而犧牲！」「你，很了不起！」華萊士顯得異常興奮，親切地和朱詩亮擁抱。隨即，他又轉身向身邊的列兵郭超發問：「你們週末能進城找女朋友跳舞嗎？」

「當然不可以。」回答斬釘截鐵。

「為什麼？」華萊士詫異了。

「家有家規，軍有軍紀。沒有紀律的部隊是不可能打勝仗的！」

「很好，你是真正的軍人，我為你感到驕傲！」

逐鹿西點

　　「桑赫斯特競賽」始於一九六七年，是享有國際聲譽的軍事院校間的軍事技能比賽。內容均為美軍校學員常訓科目，主要圍繞步槍射擊、手槍射擊、定向越野、手雷投擲、室內障礙、核生化防護與武器組裝、繩橋、

▲ 桑赫斯特綬帶

翻越高牆、隱蔽偵察、指揮能力挑戰、情報收集和轉場時間等十二個項目，展開體能、技能、智能對抗和團隊協作、戰術決策能力等方面的角逐。

中國人民解放軍理工大學學員代表隊繼二○一二年載譽美國西點軍校「桑赫斯特競賽」後，於二○一三年四月再次組隊赴美參賽，並從十個國家的五十八支代表隊中脫穎而出，榮獲桑赫斯特綬帶。

瞄準實戰設置科目

比賽開始意味著戰鬥打響。七公里武裝奔襲，匍匐通過低樁網，占領陣地後直接進行第一個項目——射擊。受領任務後，隊員們迅速進入戰鬥狀態：或匍匐，或掩護，或低身衝刺，快速抵近射擊地域。靶場依山而設，靶子隱藏在土堆、石塊等掩體後側。在五十米到三百米射擊範圍內，射擊目標、民事目標隨時出現。誤擊民事目標，就會扣分。大家都繃緊弦，絲毫不敢鬆懈。成績公佈，中國代表隊是唯一沒有誤擊民事目標的隊伍。

手雷投擲是中方學員的優勢項目，但競賽規則發生了巨大變化，其中之一是要求跪姿將手雷投入二十五米遠、長寬不足半米的「窗戶」內。中方隊員賈繼昌摳保險、拔插銷、投擲……一條完美的弧線從起點延伸至牆上狹小的窗口。手雷一爆，技驚四座。參賽的全部五百多名隊員中，能將手雷投進的僅賈繼昌一人。

以變應變才能打贏

爬低樁網、過平衡木、越高板、攀高牆，中方學員動作一氣呵成，最

▲ 過繩橋

後扛著一百公斤重的橡皮人衝刺三百米。此次比賽要求各參賽隊以班為單位參加，成員必須涵蓋各年級學員，並且要有一名以上女學員參加，各項目成績均以最後一名計算。中方女學員雒珊珊一度成為賽場亮點。爬繩障礙時，她雙手攀繩，兩腳卷繩，順勢而上；二點三米的高板前，她箭步助力，雙手攀板，騰躍而上，贏得各國學員驚呼。

「桑賽」所有科目設置、評分標準、競賽流程，都圍繞實戰的不確定性來策劃設計。核生化防護項目結束三十分鐘後，隊員們在轉場途中剛準備喘口氣，沒想到毒氣警報再次拉響；轉場途中臨時要求學員涉水通過道路旁的涵洞；通過障礙時要求學員攜帶水桶、搬運擔架；船隻機動前要求

撞開鐵門……種種突發情況和臨時增設的要求，讓各國參賽隊員叫苦不迭，也讓競賽充滿了眾多變數。中方代表隊班長劉馳說：「競賽最大的挑戰就是不確定性，戰場上永遠不知道下一秒將會發生什麼。」

團隊協作攻堅克難

通過「雷區」比賽，要求全班在五分鐘內藉助兩塊木板和場地中設置的石塊通過「雷區」。面對「雷區」，一些國家軍校代表隊不知所措，倉促上陣，不一會兒就有隊員跌入雷區「陣亡」。中方學員靠攏在一起，相互比畫著，迅速分組，巧妙採取木板轉換法，密切協同，藉助雷場中設置的石塊，很快通過雷區。

三米高牆障礙，對各國學員來說都是一隻「攔路虎」：韓國一名學員手臂骨折；德國一名學員腳部骨折，另一名學員腿部嚴重受傷。比賽時，班長劉馳被要求蒙上眼睛，取消指揮權。那一刻，班長由指揮核心變成了團隊的「軟肋」。此時，副班長歐陽盼資立即頂了上來。他簡單分工後，迅速安排隊員採用「疊羅漢」的方法，首先護送「傷員」劉馳翻越，其他隊員魚貫而過。

船隻機動考驗的是團隊的整體協同作戰能力。大家一起抬著一百五十公斤重的船艇快速奔跑一點二公里。中方隊員李大國左臂被船壓得劇烈疼痛，但他咬緊牙關與大家一起快速奔跑，到達終點時手臂已失去知覺。隊員們高喊著共同的心聲：

「我們是什麼？」

「中國軍人！」

「我們為了什麼？」

「為國爭光！」

看到此情此景，西點軍校的隨隊翻譯不禁讚歎：「在我們看來，團隊項目是你們的強項。」

妙音傳友誼，共譜和諧曲

　　中國人民解放軍軍樂團成立於一九五二年七月，是中國唯一的大型管樂藝術表演團體，自組建以來，完成重大司禮演奏任務七千餘次，迎送過一百六十多個國家的國家元首、政府首腦和軍事代表團，參與了中華人民共和國成立以來所有國家重大慶典、閱兵及重要會議的儀式演奏。隨著改革開放的不斷發展和對外交往的日漸增多，解放軍軍樂團開始跨出國門走向世界。從此，世界軍樂藝術殿堂有了中國軍人的風采。一九八七年十二月，中國軍樂團應邀赴泰國演出，開了中國軍樂對外交流的先河。此後，軍樂團還應邀赴芬蘭、法國、德國、英國、日本、新加坡、意大利、荷蘭、朝鮮等國家參加國際性軍樂比賽和訪問演出，並先後派出多批專家組，遠涉重洋，赴馬里、乍得、圭亞那、厄立特里亞、文萊等十多個國家執行教學任務。厄立特里亞總統親自為專家組成員簽署和頒發嘉獎令，馬里總統授予專家組三名同志「大騎士」勳章。

　　二〇一一年五月，綠濃春深，萬里相隔的太平洋東西兩岸，世界上兩個幾乎同緯度的國家——中國和美國，正值同一個季節。在這個季節裡，一股友誼與合作的春風，給中美兩國人民送來徐徐暖意。應美國國防部邀請，中國人民解放軍軍樂代表團開始對美國進行首次訪問。五月十三日下午，軍樂團驅車趕赴華盛頓附近的邁耶堡美國陸軍基地，首次與美國陸軍軍樂團進行合練。進入排練廳前，早就迎候在大門口的美國陸軍軍樂團團長托馬斯‧羅通迪上校便和解放軍軍樂團團長、中方赴美演出的藝術總監于海大校熱烈擁抱，互致問候。兩人已是相識十餘年的老朋友，他們都曾

率隊共同參加過一些國際性的音樂節，並結下深厚友誼。雙方團長的友誼，也感染了中美軍樂團的藝術家，經過短短兩次合練，就取得了令人滿意的效果。排練中，雙方人員雖語言不通，但用管樂吹奏起共同喜愛的樂曲，很快就能達成情感上的默契與交流。雙方排練間隙互贈小禮品，合影留念，現場氣氛融洽而熱烈。與中國著名歌唱家戴玉強合作《茶花女》中《飲酒歌》的美國陸軍軍樂團女歌唱家雷・安・辛頓把一件保存多年的舊歌譜贈給戴玉強，說是爺爺傳給父親的，而專門來排練場看過他倆精彩合作演唱的父親，特意讓女兒把它贈給戴玉強作紀念。

中國人民解放軍軍樂代表團赴美，與美國陸軍軍樂團聯合演出，這在中美兩軍交往中是第一次。五月十六日晚七點三十分，擁有二千七百多個

▲ 中國人民解放軍軍樂團和美國陸軍軍樂團在肯尼迪藝術中心聯合演出

座位的肯尼迪藝術中心音樂廳已是座無虛席。演出開始後，雙方分別演奏的具有本國民族特色的音樂作品，均贏得全體觀眾的熱烈掌聲。男高音歌唱家戴玉強高歌一曲普契尼創作的歌劇《圖蘭朵》中《今夜無人入睡》的著名唱段。歌聲剛落，全場觀眾便不約而同地起立鼓掌，用一分多鐘的熱烈掌聲對其字正腔圓的精彩演唱表達敬重與謝意。在于海和羅通迪的指揮下，中美軍樂團共同演奏了《朝天闕》《牛仔》兩首中美樂曲，再次將演出氣氛推向高潮。

演出臨近落幕，但滿場觀眾依然意猶未盡，用經久不息的掌聲表達對中美軍樂團精彩演出的喜愛之情，于海與羅通迪二度出來謝幕仍掌聲不絕。最後，兩人又登臺分別指揮中美軍樂團共同演奏了《星條旗永不落》和《歌唱祖國》兩首名曲，現場氣氛頓呈鼎沸之態。

中美軍樂團的成功首演贏得了廣大觀眾的稱讚。一對年輕美國夫婦告訴記者，他們酷愛旅遊，原來就有去中國遊覽的計劃，看了今晚演出，這個計劃可能要提前實現了！

一百多年前，被譽為「進行曲之王」的美國作曲家約翰‧菲利普‧索薩創作了名曲《越過海洋的握手》，抒發了對美好友誼的嚮往。一百多年後，中國人民解放軍軍樂團在美軍軍營裡，用精湛的技藝再次詮釋了這首樂曲，表達了用音樂架起中美兩軍友誼與合作之橋的願望。五月十七日晚，中國人民解放軍軍樂代表團在邁耶堡美國陸軍基地舉行了專場音樂會，這是中國軍隊的文藝團體首次在美國軍營進行演出。當中方樂手演奏起爵士樂風格的《搖擺的羽毛》《美好的情感》兩首樂曲時，美國陸軍軍樂團同行們在臺下和著樂曲旋律齊聲擊掌伴奏喝采，現場氣氛歡快而熱烈。

年輕的美國陸軍軍樂團女搖滾歌手瑪莎・克雷碧爾上士，熱情地拿出十幾份用大紅的中國色彩材料包裝的小小水晶球和巧克力禮物，分發給中方同行們。水晶球寓意演出如鐳射光照耀旋轉的水晶球一樣光芒四射，而巧克力則是祝願中方同行在美期間甜蜜而幸福。有的美方樂手還專門到後臺，送上自己親手做的小蛋糕，表達友誼之情，祝賀演出成功。

　　莊嚴肅穆的聯合國總部會議大廳，曾見證過許多歷史性事件的發生。五月二十日，這裡迎來了中美兩國軍樂團在聯合國的首場聯合音樂會。聯大會議廳的主席臺或許不是最豪華的舞臺，但中美兩軍音樂家以豪華陣容在這裡奏響了象徵著友誼與合作的樂章。

　　聯合國秘書長潘基文，聯合國副秘書長沙祖康，中國常駐聯合國代表

▲ 二○一一年五月二十日，解放軍軍樂團在林肯藝術中心演出

李保東大使，美國常駐聯合國代表團臨時代辦迪卡洛大使，各國常駐聯合國代表、副代表、武官，聯合國各級官員以及其他工作人員和紐約各界名流、當地民眾共一千六百餘人觀看了演出。

在會議廳的主席台上，兩軍軍樂團的音樂家相間而坐。儘管膚色不同、軍裝不同、國籍不同，但音樂消弭了區別，他們在音樂中彼此融合，奏出共同的聲音。演出的開篇曲目《勝利在召喚》以其熱烈、奔放、激昂的旋律迅速調動起觀眾的情緒；著名作曲家王洛賓改編的哈薩克民歌《可愛的一朵玫瑰花》以舒緩優美的曲調講述了一個美麗的愛情故事；《朝天闕》則以詩歌為樂曲主題，充分展現出中國的文化傳統，令全場觀眾如痴如醉；描述美國優美景色的歌曲《美麗的美利堅》以及美國人民耳熟能詳的樂曲《星條旗永不落》等曲目也贏得了熱烈掌聲；作為壓軸曲目的《歌唱祖國》氣勢恢宏，鏗鏘有力，全場觀眾跟著樂曲整齊地拍手。演出結束後，觀眾起立鼓掌，掌聲經久不息。

中國常駐聯合國代表團團長李保東說：「兩國軍樂團的共同演出向世界發出一個強烈的音符，這就是和平與合作。」

憲法廣場上的中國方隊

自一九五二年三月組建以來，中國人民解放軍陸海空三軍儀仗隊一直擔負著迎送外國元首、政府首腦、軍隊高級將領的重大國事活動和儀仗司禮任務，先後圓滿完成香港、澳門回歸政權交接儀式，國慶六十週年閱兵，北京奧運會，上海

▲ 在加蓬援訓

世博會等儀仗司禮任務三千多次。步入新世紀，中國人民解放軍三軍儀仗隊官兵也開始走出國門，積極與其他國家儀仗隊開展友好交流活動。二〇〇三年十一月和二〇一〇年五月，他們派員兩赴加蓬共和國擔負指導該國儀仗隊的訓練任務。加蓬總統給他們頒發了軍隊最高榮譽勛章。

應墨西哥國防部邀請，二〇一〇年九月十六日，由三十六人組成的中國人民解放軍三軍儀仗方隊飛赴墨西哥，參加該國獨立二百週年慶典閱兵，這也是三軍儀仗方隊首次成建制走出國門。這次閱兵是墨西哥有史以來規模最大的一次，共有一點八一萬人參加；受閱方隊不僅包括墨西哥海陸空三軍，還有來自中國、美國、俄羅斯、巴西等十六個國家的儀仗隊。

當日，墨西哥城憲法廣場，禮樂喧天，禮炮轟鳴。在墨西哥人民及十多個受邀國家觀摩團的注視下，中國人民解放軍三軍儀仗方隊高擎鮮豔的五星紅旗，邁著雄健的步伐出現在閱兵場……他們從墨西哥城憲法廣場出發，沿改革大道前行。在行進過程中，隊伍始終保持整齊、挺拔，一切都

▲ 中國人民解放軍三軍儀仗方隊通過憲法廣場

無可挑剔：橫成列，如刀切；豎成行，似山牆。每一個動作都像從模子裡拓出來的一樣。從旁觀的人群中不時地傳來哨聲、尖叫聲和鼓掌聲。

這支隊伍，第一次走出國門，就將東方古國的文明與氣質、中國軍隊的威武與雄姿展示在了世人面前。

一次合練的休息間隙，各國儀仗隊紛紛展示自己的儀仗指揮刀。三軍儀仗方隊執行隊長張洪傑即興表演，正步向前，立定。「刷」的一聲，一道耀眼的光線閃出，一百八十度弧線瞬間定點到位。外國儀仗隊員鼓掌叫好。張洪傑目視正前方，揮臂。「嗞」的一聲，指揮刀瞬間被精確插入刀鞘。圍觀者全都目瞪口呆，紛紛豎起大拇指：「太神奇了！」

墨西哥國聯絡官納赫拉說，無論何時走進中國三軍儀仗方隊宿舍，他們的秩序都是最好的。衛生間乾乾淨淨，鏡子上見不到一絲灰塵。

九月十三日，儀仗隊官兵參觀了墨西哥國立自治大學校園，與學中文的墨西哥學生進行了交流。在校園的青草地上，大家席地而坐，雖然不能全部理解表達的意思，卻聊得很高興。從語言到文化，從音樂到功夫電

影，他們依靠中文、英文、手勢和圖畫，海闊天空地交談了近一個小時，草地上時不時傳來陣陣笑聲。瓦利斯是墨西哥的一名軍醫。相處的八天裡，每天都有很多儀仗兵與他在一塊交流，互相介紹兩國的文化，彼此結下了深厚情誼。九月十七日，官兵回國時，瓦利斯動情地流下了不捨的眼淚。

短短八天，中國三軍儀仗方隊以行動贏得了墨西哥人民的尊重。閱兵慶典的第二天，中國人民解放軍儀仗方隊的照片登上了世界各地報紙的頭版頭條，無一例外都是讚美和敬意。其中墨西哥《改革報》在頭版刊登儀仗隊旗手高舉五星紅旗的圖片，並配文：「中國儀仗隊閃耀閱兵慶典」。文章說，中國人民解放軍儀仗方隊軍人的著裝和隊列無可挑剔、堪稱完美，他們的微笑和整齊的隊列給人們留下了深刻印象。

二〇一一年五月和七月，儀仗隊員們又應邀參加意大利國慶六十五週年暨統一一百五十週年和委內瑞拉獨立二百週年慶典閱兵任務。在委內瑞拉，中國人民解放軍三軍儀仗隊領銜多國儀仗方隊第一個亮相閱兵場，成為全場矚目的焦點。二〇一三年，中國三軍儀仗方隊時隔三年後第二次踏上墨西哥的土地，受邀參加墨西哥獨立二〇三週年暨墨西哥陸軍成立一百週年慶典閱兵。儀仗隊再次威武亮相，引發墨西哥各界廣泛關注，受到了民眾的熱烈歡迎。

昔日汗灑練兵場，今朝驚豔閱兵道。中國儀仗兵以他們完美的表現為友好國家獨立慶典送上了最真誠的祝福，在國際閱兵場上展現了中國軍人的風采！

衝擊極限的「藍天舞者」

二〇一三年八月三十日這一天，中俄民眾和國際友人的目光聚焦在莫斯科郊外的拉緬斯科耶機場。

在中俄兩國元首的共同關心下，中國空軍八一飛行表演隊組建五十一年來首次飛出國門，飛向莫斯科航展大舞臺。

這天是第十一屆莫斯科航展首個公眾開放日。這天也是中國空軍八一飛行表演隊在國外航展上的首次亮相。

開車、滑出……十一時四十分，伴隨著震耳的轟鳴聲，六架帶有「五星紅旗」圖案的中國空軍殲-10表演機蓄勢待發。這支享有「中國藍天儀仗隊」美譽的國家飛行表演隊，曾為來自五大洲一六六個國家和地區的六六八個代表團進行過五百餘場次飛行表演。在中華人民共和國成立三十五週年、五十週年、六十週年國慶閱兵中，表演隊都作為空中第一梯隊飛過北京天安門。

八一飛行表演隊換裝國產新型殲-10飛機後，使中國成為世界上為數不多的用三代機進行飛行表演的國家之一。目前，殲-10表演隊已形成單機、雙機特技動作，四機、五機、六機特技編隊表演能力，單機大仰角上升、雙機剪刀機動、雙機對頭、四機向上開花、五機水平

▲ 對飛交錯的瞬間

開花等成為標誌性表演動作。

殲-10 勁舞莫斯科，成為俄羅斯總統普京關注的一件大事。當日飛行表演開始前，俄羅斯空軍總司令邦達列夫中將會見中國空軍代表團時表示，「我們對殲-10 的精彩表演充滿期待！」中國空軍代表團表示，八一飛行表演隊第一次飛出國門首選參加莫斯科航展，是中俄兩國兩軍深厚友誼的重要體現。

對於八一飛行表演隊第十五任隊長曹振上校來說，與俄羅斯「勇士」、歐洲「百年靈」等世界著名飛行表演隊在莫斯科同一片藍天飛舞，是一件很有意義的事。「首場國外表演，我們將向俄羅斯民眾和全世界展示中國空軍開放、合作的胸懷與形象！」此刻的曹振格外精神。

這時，六架殲-10 表演機已滑行到起飛線，呈「三、二、一」的起飛

▲ 單機低空最小速度表演

隊形，曹振擔任六機表演長機。

「起飛！」十一時四十五分，帶著巨大的呼嘯聲，六架殲-10 表演機以三機箭隊、雙機編隊和單機加力的陣容，飛向莫斯科廣袤的天空。

俄方解說員向觀眾介紹，飛行表演是超低空密集編隊，與普通的飛行相比難度大、風險高，被稱為「刀尖上的舞蹈」，帶給人們的是強烈的視覺衝擊、聽覺衝擊、感覺衝擊，是一種力量之美、速度之美、藝術之美。

大家的目光轉向右前方，八一飛行表演隊參謀長、特級飛行員郭福勇中校駕駛的六號機呼嘯而起，以七十度大仰角的姿態起飛，並以幾乎垂直的角度迅速向上爬升，接著是一個斜半扣，再接一個斜筋斗，直插雲霄，霸氣十足。現場傳來俄羅斯民眾一陣歡呼與讚歎！

「短距起飛接大角度上升」是郭福勇的拿手戲。就他主飛的六號位置而言，做完一套完整的六機表演動作，要承受相當大的過載，一般人是吃不消的。

「力量之美，魅力無窮！」幾十秒後，郭福勇與前面高速飛行的五機合為一體。觀眾尚未從驚嘆中回過神來，六機就以超密集三角隊飛過來了。這個被航空表演界稱為「魔鬼編隊」的動作，飛機之間的左右間隔和高度差僅一米，距離為負二米。飛行員過硬的操作技能和戰機良好的低空性能，再一次讓俄羅斯民眾歎為觀止。

正當俄羅斯民眾還凝神於那賞心悅目的航跡時，五號機和六號機要做的雙機剪刀機動、對頭交叉後上升橫滾開始了。

主飛五號機的八一飛行表演隊副隊長、一級飛行員曹振忠中校，是第一批參加殲-10 改裝的飛行員。飛舞在莫斯科的天空，曹振忠豪情倍增。

對頭交叉後上升橫滾，是目前世界飛行表演舞臺上最為驚險的動作之

一，兩機相遇時，相對速度高達每小時一千五百公里。二百米、一百米、五十米……隨著兩機距離越來越近，觀眾的心情緊張到了極點。在一陣驚呼聲中，兩機拉著彩色煙帶「擦肩」而過。許多觀眾還沒有來得及按下相機的快門，兩機對頭的精彩瞬間轉瞬即逝。

驚呼剛止，精彩又續。四架殲-10 表演機發出攝人心魄的轟鳴，以超密集的菱形編隊呼嘯而來。四架飛機，猶如一塊密不透風的鋼板，盤旋一周後，上升轉彎。隊形整齊的編隊盤旋飛舞，就像一曲優美的旋律，在莫斯科藍天白雲間迴蕩……

六機低空盤旋、四機同步橫滾、單機蛇形扭轉……精彩動作一個接著一個，殲-10 表演機的優越低空、超低空性能發揮得淋漓盡致。

二十三分鐘的表演，精彩紛呈；二十一個高難度動作，酣暢淋漓。

現場觀眾意猶未盡，明知飛行員們聽不到，但仍報以熱烈的掌聲。這掌聲，既是獻給技藝精湛的「空中勇士」，也是祝願中俄友誼萬古長青！

捍衛軍旗

　　二〇一四年十月九日至十五日，第六十一屆軍事五項世界錦標賽在韓國永川舉行，吸引了來自世界各地三十四支代表團約二百名選手參加。中國人民解放軍軍事五項代表團獲得男女個人全能、女子團體和男女五百米障礙接力共五枚金牌，成為本屆賽事的最大贏家。

　　世界軍事五項錦標賽，起源於第二次世界大戰後的歐洲，它集中了陸軍單兵實戰訓練的基礎要素和高難險科目，是對軍人意志、品質和技能的

▲ 第六十一屆軍事五項世錦賽上，中國選手王堂林、闕梅分獲女子全能冠亞軍

綜合檢驗，是和平時期各國軍隊展示形象和實力的重要舞臺，成為各國軍人較量的特殊戰場，被稱為「捍衛軍旗之戰」。

為使命而戰，為榮譽而拼

中國軍事五項隊成立於一九八〇年二月。一九八一年九月，訓練不足三個月的中國軍事五項隊首次踏出國門，參加在瑞士舉行的第三十屆世界錦標賽。隊員們肩上背著二十世紀三十年代的老式「水蓮珠」步槍，腳上穿著普通士兵的解放鞋，裝備器材落後，沒有比賽經驗，與擁有先進裝備、征戰國際賽場幾十年的西方軍事強國同場競技。有人說，中國軍事五項隊不過是來湊熱鬧的。然而，比賽的結果令外軍選手深感意外。第一場射擊比賽，隊員龐紅雲硬是用打一發退一發子彈殼的老式「水蓮珠」步槍打出了一九二環的好成績，用劣勢裝備征服了擁有優勢裝備的歐美對手。經過緊張比賽，初出茅廬的中國隊最終獲得團體第八名。

時隔一年，中國軍事五項隊第二次出征。參賽隊伍中高手如林，中國選手不畏艱難，敢於亮劍，最終以高比分的成績，勇奪男子團體冠軍「戴布魯斯杯」，使這一由西方國家壟斷三十三年的獎盃首次進入亞洲，落戶中國。一九九二年九月，成立不足一年的中國軍事五項女隊第一次出征世界賽場，就憑藉過硬實力和頑強毅力，以領先第二名三三五點九分的絕對優勢奪得冠軍，把「挑戰者杯」捧回中國，並且包攬個人冠亞軍。

此前，中國人民解放軍八一軍體大隊軍事五項隊先後奪得九十三個世界冠軍，六十四人次打破世界紀錄，被中央軍委命名為「英雄軍事五項隊」。三十多年來，無論對手多麼強大，環境多麼艱險，他們敢於亮劍，敢於勝利，在國際軍體賽場上一次次將五星紅旗高高昇起。然而，很少有

人知道，英雄輩出的集體，是血肉之軀的奉獻；驕人戰績的背後，是超常代價的付出。

雄心亮利劍，拚搏顯軍威

　　在國際軍體賽場上，每一次對決，都是實力、信念和意志的較量。世

▲ 五百米障礙紀錄保持者潘玉程（左）飛身越障

界賽場就是和平時期各國軍人廝殺的戰場。

在第四十屆軍事五項世界錦標賽的五百米障礙比賽中，有「軍中第一虎」之稱的李忠在通過低樁鐵絲網時，由於動作過猛，背上連皮帶肉剮掉了一大片，鮮血染紅了運動服，肉翻露出來，沾上砂子，刺骨地疼。為了在藥檢時不出問題，李忠堅持不用藥處理創面，硬是光著血背參加接下來的障礙游泳。在他劈波斬浪的身後，泳道上留下的是一條血紅的軌跡。李忠用自己的鮮血捍衛了神聖的八一軍旗，奪得團體冠軍和個人世界冠軍。

在二〇一〇年第五十七屆世界錦標賽上，年輕隊員向淵獲得男子團體冠軍後，又參加了五百米障礙接力。比賽中，向淵從二米高牆摔下來，左臂嚴重受傷，肘部脫臼變形。但他馬上爬起來，拖著傷臂，毫不猶豫地衝向下一個障礙物異向平衡木。因身體無法保持平衡，他再次掉了下來，可他馬上折返回去，試圖重新通過障礙。在隊長的大聲命令下，他這才極不情願地停了下來。荷蘭醫生在給向淵治療時，他疼得臉色蒼白，但他咬緊牙關，一聲不吭。當向淵被抬出賽場時，全場起立鼓掌，向這位年輕的中國軍人致敬。閉幕式上，向淵作為團體冠軍成員上臺領獎。由於胳膊傷得太重，他無法穿上軍裝，組委會破例允許他穿運動服領獎，他也因此成為軍事五項世界錦標賽歷史上唯一沒有穿軍裝登臺領獎的選手。

國際軍體理事會軍事五項常設技術委員會主席波克將軍對中國軍隊在賽場內外的表現給予了很高的評價。他請外國記者把中國軍事五項隊的照片印成畫冊，分送給各國軍隊友人。在維也納舉行軍事五項世界錦標賽期間，波克將軍還專門把中國官兵請到自己服役過的部隊做客。二十多名外軍廚師破例合作製成一個直徑一點五米、印有國際軍體理事會會徽圖案的大蛋糕送給他們，表達對中國人民和軍隊的由衷敬意。

▲ 第六十一屆軍事五項世錦賽上，中國選手與外國選手合影留念

　　中國軍事五項隊就是一張中國軍人亮相國際軍事舞臺的名片，名片上寫著忠誠、使命、榮譽和創新；也是一支久經戰陣、愈戰愈勇、愈勝愈堅、長盛不衰的尖兵勁旅，他們身上掛滿了軍功章和獎牌，寫滿了青春的堅韌和無畏；更是一部英雄長歌，歌律裡融注著中國軍人血戰沙場、拚死奪冠的武德神韻，詠調中透射出泰而不驕、思危奮進的傳承和堅守……

中美軍事檔案合作

　　二〇〇九年四月九日,中國人民解放軍檔案館整理室,一位老軍人正在伏案鑑定檔案。這時候,進來幾位美國國防部的客人。老人從放滿檔案的桌邊起身,精神抖擻地向大家微笑致意。得知這位老人已是身患絕症時,美國客人集體鼓掌向其表達敬意與感激。一位女軍人將一枚寫有「等待你們回家」的紀念章放在老人的手裡,激動地說:「我代表美軍戰俘與失蹤人員的親屬感謝您,對所有美國人民來說您是一位英雄!您用最珍貴的時間來為我們進行查找工作,再一次感謝您!我們將一直為您祈禱,祈

▲ 多娜少將把紀念章放在劉義權手裡

求上帝幫助您！」

老軍人名叫劉義權，那位女軍人是時任美國太平洋總部聯合查找戰俘與失蹤人員司令部司令多娜·克里斯普海軍少將。就此，一項鮮為人知的中美雙方軍事領域的特殊合作進入人們的視野——中美軍事檔案合作。

來自中國的特殊禮物

二〇〇六年七月十八日上午，美國五角大樓，時任美國國防部長拉姆斯菲爾德從來訪的一位中國高級將領手中接過一份「神祕的禮物」，頓時臉色大變，連續說了三遍「My God！（我的上帝！）」究竟是什麼禮物，讓以強硬著稱的拉氏如此心緒難平？這一切得從其二〇〇五年首次訪華說起。

▲ 有關迪恩的檔案

二〇〇五年十月，拉姆斯菲爾德在訪華期間提出了一個私人請求，希望中方幫助尋找他的一位昔日戰友的下落。他所說的是一位名叫詹姆斯‧迪恩的海軍飛行員，於一九五六年駕駛飛機在中國的舟山群島上空被中國空軍擊落後失蹤。其遺孀一直堅信丈夫沒有身亡，拉姆斯菲爾德也一直牽掛迪恩的下落，然而經過查閱許多文獻資料都找不到迪恩的線索。迪恩的下落，已經在拉氏心頭縈繞了半個世紀。

根據美方提供的線索，中國人民解放軍檔案館分兩個方向迅速展開查找。一個處負責到浙江省、上海市、北京市、公安部、南京軍區、北京軍區、海軍、空軍等外圍檔案館查找；另一個處負責對館藏檔案進行拉網式核查，最終在館藏檔案中找到了記錄當時戰鬥經過和事件結果的檔案佐證。

拉姆斯菲爾德手捧的這份禮物，正是從中國人民解放軍檔案館浩如煙海的資料中「淘」出來的當時作戰報告以及有關迪恩下落的檔案高仿真件。這份特殊的禮物不僅徹底解開了迪恩下落不明的謎團，還幫助拉姆斯菲爾德徹底卸下了長達五十年的情感負擔，更增進了許多美國民眾對中國和中國軍隊的信任。

七月十九日，在美國國防大學演講結束後，這位中國高級將領還向美方贈送了另一組檔案仿真件。這是一組漫畫、一封感謝信和廣東東江縱隊的救護記錄。二戰期間，美國飛行員科爾中尉作為「飛虎隊」隊員被派到中國援戰。一九四四年二月十日在執行任務時，科爾駕駛的飛機被日軍擊落，科爾跳傘逃生。在日軍展開地面大搜捕的危急時刻，科爾躲進山洞，之後被廣東抗日武裝東江縱隊營救。因為語言不通，科爾就在駱駝牌煙盒背面畫了這幾幅漫畫，描述他被日軍擊落逃生的經過。後來，被送回美國

▲ 科爾的漫畫

的科爾還專門寫來了感謝信。中方提交這份檔案是為了說明，中國人民沒有忘記與美國人民在反法西斯戰爭中並肩作戰的歷史。

這兩件神祕而特殊的禮物正式揭開了中美軍事檔案合作的序幕。二〇〇八年二月二十九日，中美兩國國防部在上海簽訂合作備忘錄，以文本形式落實軍事檔案合作，查找朝鮮戰爭前後美軍失蹤人員下落的工作全面啟動。四月，解放軍檔案館和美國防部戰俘與失蹤人員辦公室簽訂開展具體合作事宜的備忘錄，雙方軍事檔案合作正式啟動。

中國人民解放軍檔案館收藏著朝鮮戰爭時期中國人民志願軍和中央軍委、總參謀部、陸軍野戰軍的一百五十多萬件全宗檔案。經初步普查，發現其中一百餘件涉及美軍失蹤人員下落。截至二〇〇九年十月，儘管只完成了現有檔案十分之一的查閱工作，解放軍檔案館已向美方提供了包括四份軍事檔案在內的首批成果。

這不是一項簡單的軍事合作，這是安撫大洋彼岸無數失去親人家庭的人道主義行動。這一合作反映了中國人民和中國軍隊對人權的理解尊重，對人道主義關懷的真誠態度。

新社會主義研究叢刊 AA201012

走向世界的中國軍隊

編　　者　彭庭法、王斌、王方芳
責任編輯　陳胤慧
版權策畫　李煥芹

發 行 人　陳滿銘
總 經 理　梁錦興
總 編 輯　陳滿銘
副總編輯　張晏瑞
編 輯 所　萬卷樓圖書股份有限公司
排　　版　菩薩蠻數位文化有限公司
印　　刷　維中科技有限公司
封面設計　菩薩蠻數位文化有限公司

出　　版　昌明文化有限公司
桃園市龜山區中原街 32 號
電話　(02)23216565

發　　行　萬卷樓圖書股份有限公司
臺北市羅斯福路二段 41 號 6 樓之 3
電話　(02)23216565
傳真　(02)23218698
電郵　SERVICE@WANJUAN.COM.TW
大陸經銷　廈門外圖臺灣書店有限公司
　　　　　電郵　JKB188@188.COM

ISBN 978-986-496-477-2

2019 年 3 月初版

定價：新臺幣 320 元

如何購買本書：

1. 轉帳購書，請透過以下帳戶
　合作金庫銀行 古亭分行
　戶名：萬卷樓圖書股份有限公司
　帳號：0877717092596
2. 網路購書，請透過萬卷樓網站
　網址 WWW.WANJUAN.COM.TW

大量購書，請直接聯繫我們，將有專人為您
服務。客服：(02)23216565 分機 610

如有缺頁、破損或裝訂錯誤，請寄回更換
版權所有·翻印必究
Copyright©2019 by WanJuanLou Books CO., Ltd.
All Right Reserved　　　　　Printed in Taiwan

國家圖書館出版品預行編目資料

走向世界的中國軍隊 / 彭庭法等編著. -- 初
版. -- 桃園市 ：昌明文化出版 ；臺北市 ：萬
卷樓發行, 2019.03
　面 ；　公分
ISBN 978-986-496-477-2(平裝)

1.人民解放軍　2.國際交流

592.9287　　　　　　　　　　108003209

本著作物由五洲傳播出版社授權大龍樹（廈門）文化傳媒有限公司和萬卷樓圖書股份
有限公司（臺灣）共同出版、發行中文繁體字版版權。